Hans an alle, Hans an alle …

Hast du herausgefunden, wo sich Tom, Julia und Sabine gerade aufhalten? Hilf Hans, die drei zum alten Sägewerk zu lotsen. Wie könnte er den Weg möglichst genau beschreiben?

1 Frage deine Mitschülerinnen und Mitschüler, ob sie ein Haustier haben.
Ordne jedem Haustier die Namen derjenigen zu, die ein solches Haustier haben.

Haustier	Namen
....	....
....	....
....	....
....	....

2 a)* Zu einem der folgenden Diagramme passt der Anfang der Geschichte.
Ergänze die Geschichte passend zu diesem Diagramm.

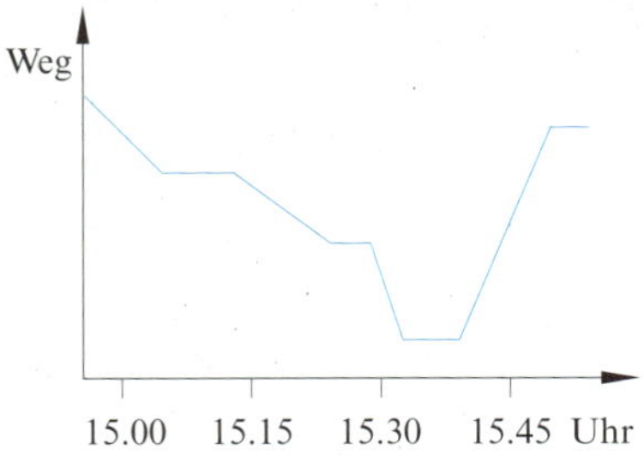

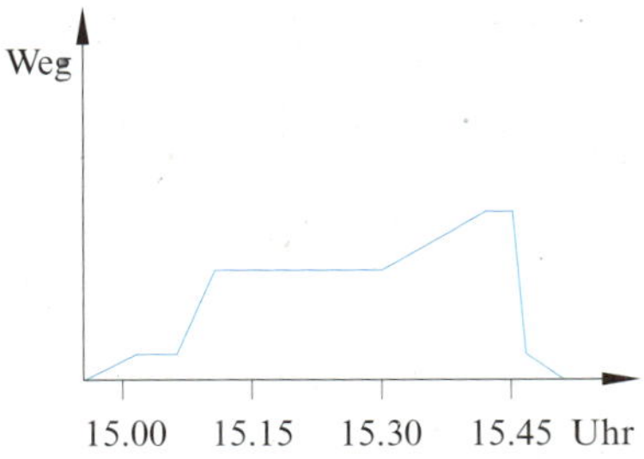

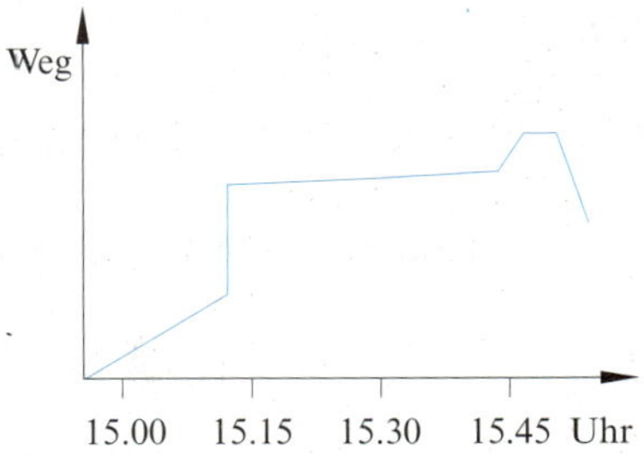

Olaf läuft zur Bahn. Er wartet an der Haltestelle. Dann fährt er mit der Bahn eine Station.

Das mittlere Diagramm passt. (Fortsetzung z. B.: Er steigt aus und geht in ein Kaufhaus, wo er etwa 20 min bleibt. Von dort geht er zu Fuß eine Haltestelle weiter zum Schuster, holt seine Schuhe ab und fährt mit der Bahn zurück. Das letzte Stück geht er wieder zu Fuß.)

b) Zeichne die Wege der beiden Schülerinnen in das Diagramm ein.

Ellen geht um 7.15 Uhr in der Albertstraße los und läuft zwei Häuserblocks weiter zum Kiosk.
Dort kauft sie eine Zeitung und Brötchen. Um 7.30 Uhr steigt sie in den Bus zur Goetheschule, wo sie um 7.55 Uhr ankommt.

Angelo steigt am Neumarkt um 7.35 Uhr in die Straßenbahn und fährt bis zur Haltestelle Brunnenplatz.
Nach 5 Minuten steigt er in den Bus zur Goetheschule. Dort trifft er kurz nach Ellen ein.

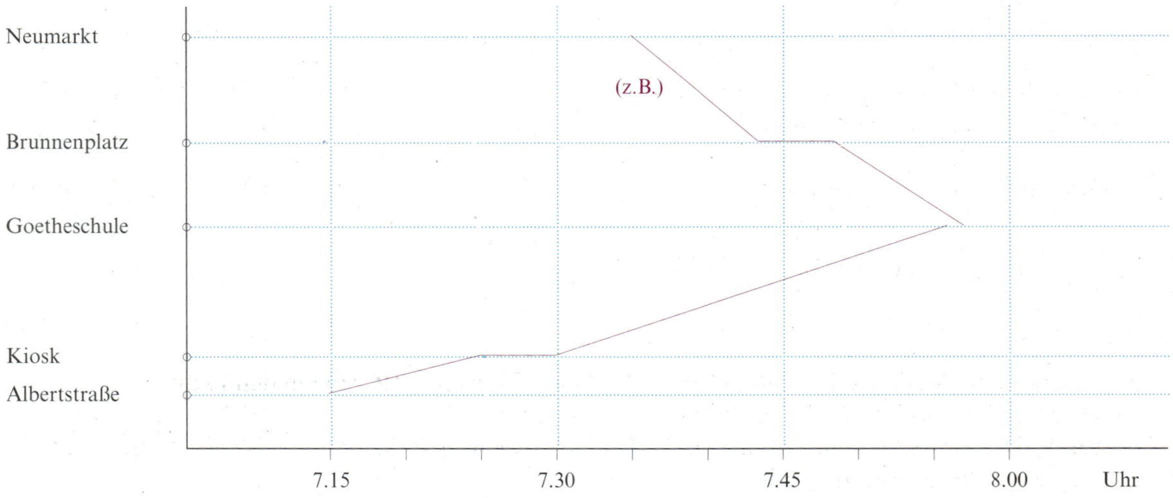

3 **a)** Beschreibe die Zuordnung, die im Diagramm dargestellt wird.

Jeder Tageszeit wird die Lufttemperatur zugeordnet.

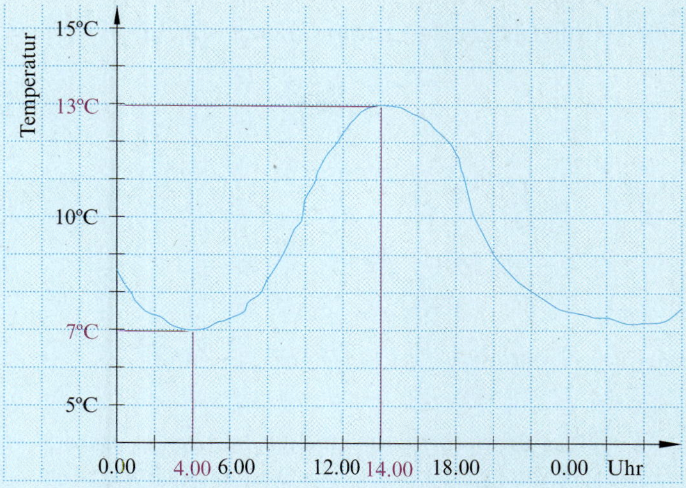

b) Wann wurden die höchste und die tiefste Temperatur gemessen?

Höchsttemperatur: um 14.00 Uhr (13 °C)

Tiefsttemperatur: um 04.00 Uhr (7 °C)

c) Wann stieg die Temperatur am stärksten?

○ Gegen 4.30 Uhr: ☒ Gegen 10.00 Uhr: ○ Gegen 15.30 Uhr: ○ Gegen 17.30 Uhr:

d) Markiere in rot Abschnitte, in denen die Temperatur fiel.

e) Ergänze die folgende Tabelle.

Temperatur:	10 °C	9 °C		
Uhrzeit:	9.45 Uhr; 19 Uhr	20 Uhr		

4 Die Fahrt der ICE 940 und 845.

a) Was ist im Diagramm dargestellt?

Jeder Uhrzeit werden die Orte der Züge zugeordnet.

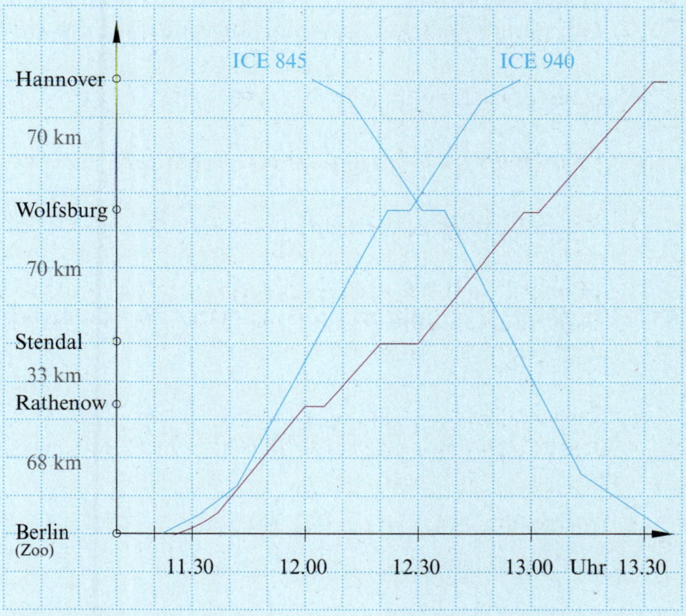

b) Ziehe die Abschnitte blau nach, in denen die Züge halten.

c)* Ziehe für beide Züge die Abschnitte in rot nach, in denen die Züge jeweils am schnellsten fahren.

d) Wo und wann treffen sich die Züge?

Bei Wolfsburg gegen 12.29 Uhr.

e) Erstelle einen Plan, wann die Züge die Bahnhöfe der folgenden Städte passieren.

Berlin (Zoo)	Rathenow	Stendal	Wolfsburg	Hannover
11.21 Uhr	11.54 Uhr	12.02 Uhr	12.23 Uhr	12.57 Uhr
13.36 Uhr	13.04 Uhr	12.56 Uhr	12.35 Uhr	12.01 Uhr

f) Zeichne ein mögliches Diagramm für die Fahrt des Interregio IR 2342 in den Plan:
IR 2342 fährt um 11.26 Uhr in Berlin (Zoo) los, hält von 12.01 Uhr bis 12.05 Uhr in Rathenow, kommt um 12.20 Uhr in Stendal an, hat dort 10 Minuten Aufenthalt, kommt um 12.59 Uhr in Wolfsburg und um 13.34 Uhr in Hannover an.

1 Ergänze wenn möglich zu proportionalen Zuordnungen.

a)

x	0	1	2	3
y	0	1,5	3	4,5

b)

x	0	1	2	3
y	0	8	n. l.	27

c)

x	3	1,5	2,25	4,5
y	2	1	1,5	3

d)

x	1	3	5	7
y	7	n. l.	3	1

e)

x	2	1	0,5	1,5
y	4	2	1	3

Trage die proportionalen Zuordnungen in unterschiedlichen Farben ins Koordinatensystem ein.

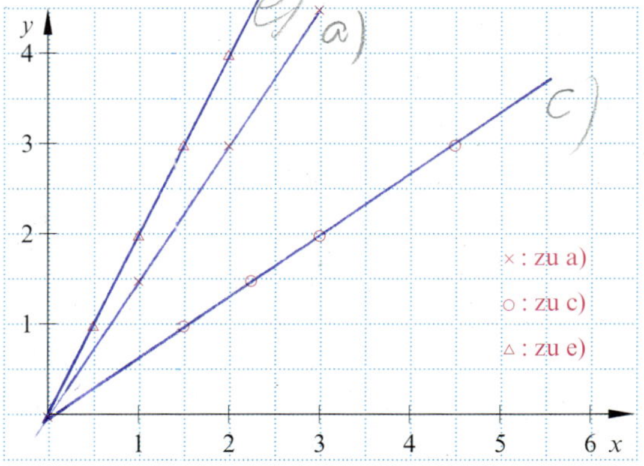

2 Ergänze zu proportionalen Zuordnungen.

a) mit $k = 0,5$

x	1	2	4	5	6
y	0,5	1	2	2,5	3

b) mit $k = 1,3$

a	1	2	6	0,8	0,5
b	1,3	2,6	7,8	1,04	0,65

3 Prüfe, ob eine umgekehrt proportionale Zuordnung besteht.
Gib wenn möglich den Proportionalitätsfaktor k an.

a)

x	2	4	5	6	10
y	5	2,5	2	1,6	1,2

$k =$ (nicht proportional)

b)

x	1	2	4	16	32
y	3,2	1,6	0,8	0,2	0,1

$k =$ 3,2

4 Ergänze zu umgekehrt proportionalen Zuordnungen.

a)

x	1	2	3	9,6	12
y	24	12	8	2,5	2

b)

x	1	2	4	8	16
y	11,2	5,6	2,8	1,4	0,7

c)

x	1	0,1	1,2	0,2	0,6
y	1,2	12	1	6	2

d)

v	20	80	10,6	6,4	16
t	8	2	15	25	10

5 Proportional (p), umgekehrt proportional (up) oder nicht proportional (np)? Kreuze an.

Je mehr Wörter im Lehrbuch, desto größer ist die Anzahl der Vokale.	(p)	(up)	(np)
Je mehr Losscheine Herr Meier kauft, desto größer ist der Hauptgewinn.	(p)	(up)	(np)
Je mehr Spaghetti, desto länger die Kochzeit.	(p)	(up)	(np)
Je länger die Rechteckseite a, desto größer ist der Flächeninhalt des Rechtecks.	(p)	(up)	(np)
Je länger die Rechteckseite b, desto größer ist der Umfang.	(p)	(up)	(np)
Je mehr Arbeiter eingesetzt werden, desto weniger Zeit benötigen sie.	(p)	(up)	(np)
Je mehr man arbeitet, desto mehr Fehler macht man.	(p)	(up)	(np)
Je größer die Geschwindigkeit, desto kürzer ist die Fahrzeit.	(p)	(up)	(np)

5 Ein Auto legt seinen Weg gleichmäßig mit einer Geschwindigkeit $v = 90\ \frac{\text{km}}{\text{h}}$ zurück.

a) Ergänze die Tabelle.

Zeit	5 min	10 min	15 min	30 min	$1\frac{1}{2}$ h	2 h	3 h	$3\frac{1}{2}$ h
Weg	7,5 km	15 km	22,5 km	45 km	135 km	180 km	270 km	315 km

b) Stelle die Zuordnung im Koordinatensystem dar.

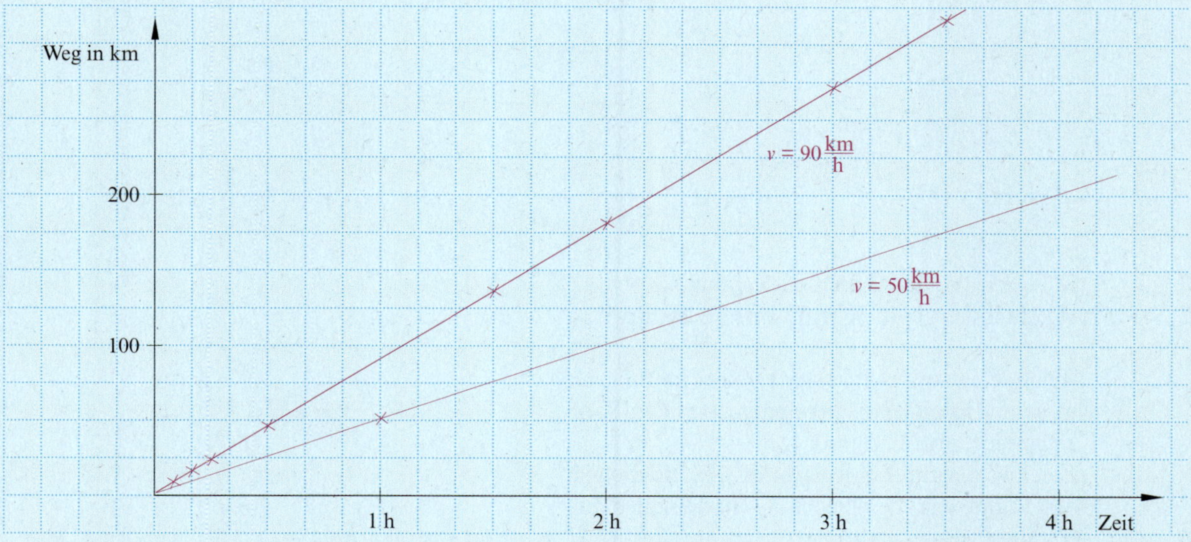

c) Wie lautet der Proportionalitätsfaktor? $k = 90\ \frac{\text{km}}{\text{h}}$

d) Zeichne ins obige Koordinatensystem einen Graphen für die Geschwindigkeit $v = 50\ \frac{\text{km}}{\text{h}}$ ein. Dazu musst du gar nichts rechnen!

6 Eine Verpackungsfirma will eine quaderförmige Packung mit 1,360 dm^3 Inhalt herstellen. Sie legt lediglich die Höhe der Verpackung mit 8 cm fest.

a) Trage in die Tabelle mögliche Maße der Grundfläche ein.

b) Stelle die Möglichkeiten rechts im Koordinatensystem dar.

Seitenlänge *a*	Seitenlänge *b*
20 cm	8,5 cm
10 cm	17 cm
5 cm	34 cm
15 cm	11,3 cm
8 cm	21,3 cm

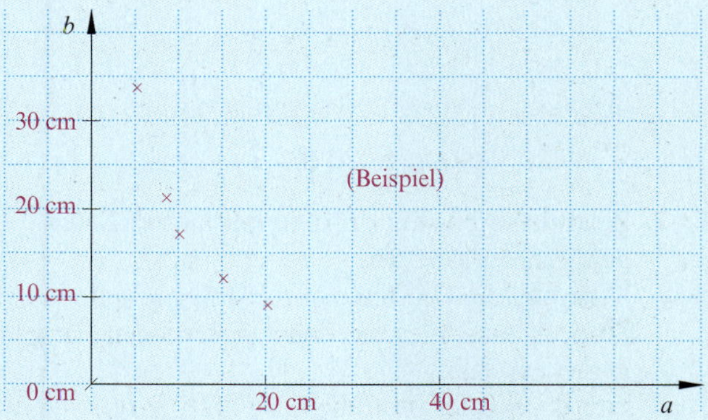

c) Berechne den Materialbedarf für eine mögliche Verpackung. Lasse dabei Überlappungen unberücksichtigt. Vergleiche mit den Ergebnissen der anderen Schülerinnen und Schüler.

1 **a)** Miss alle Seiten und Winkel der Dreiecke.

b) Welche Dreiecke sind zueinander kongruent?

1) I, II, V, VII

2) III, VI

c) Welche Dreiecksarten erkennst du?

rechtwinklig : I, II, V, VII

stumpfwinklig : III, VI

spitzwinklig : IV

I: $\alpha = 18°, \beta = 90°, \gamma = 72°$ III: $\alpha = 108°, \beta = 30°, \gamma = 42°$ IV: $\beta = 76°, \alpha = \gamma = 52°$

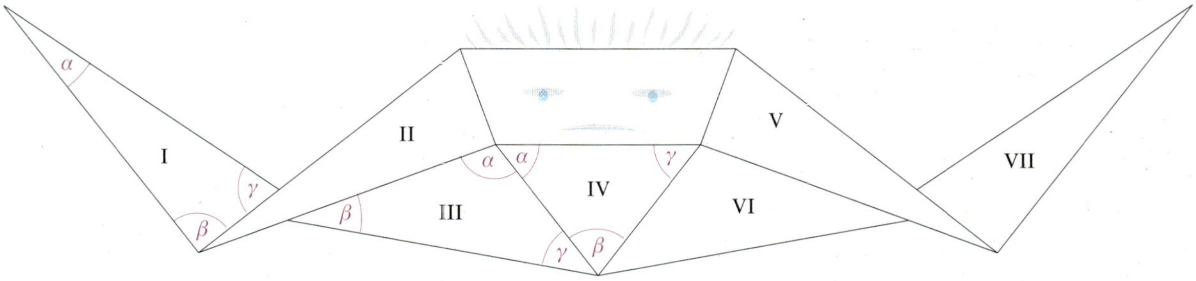

2 Führe die folgende Konstruktionsanweisung aus.

① Zeichne ein spitzwinkliges Dreieck und bezeichne seine Eckpunkte entgegengesetzt dem Uhrzeigersinn mit K, L und M.
② Zeichne darunter eine Strecke $\overline{DE}$, die die gleiche Länge wie die Strecke $\overline{KL}$ in deinem Dreieck hat.
③ Trage im Punkt D der Strecke $\overline{DE}$ einen Winkel an, der kongruent zum Winkel $\sphericalangle LKM$ ist.
④ Trage im Punkt E an die Strecke $\overline{DE}$ entgegengesetzt dem Uhrzeigersinn einen Winkel an, der kongruent zum Winkel $\sphericalangle KLM$ ist.
⑤ Verlängere die in ③ und ④ entstandenen Strahlen so, dass sie einander in einem Punkt treffen. Nenne diesen Punkt F.

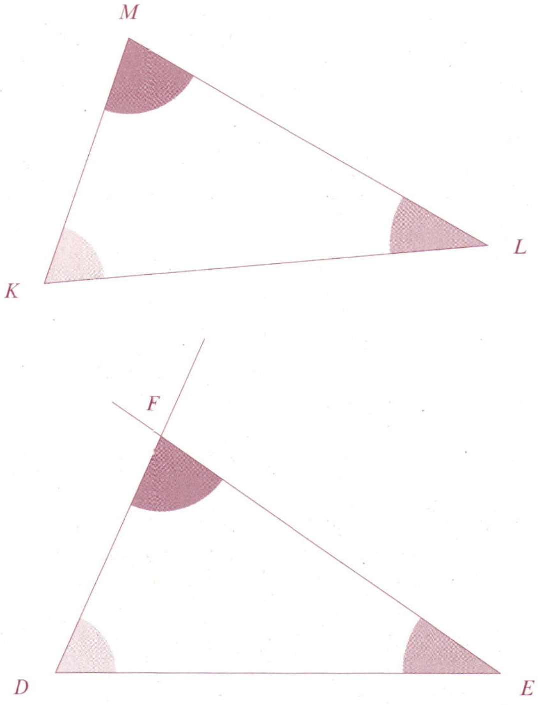

Was kannst du über die Dreiecke KLM und DEF, ihre Flächeninhalte und ihre Umfänge sagen?

Sie sind zueinander kongruent.

Ihre Umfänge und Flächeninhalte sind gleich.

3 Zeichne jeweils die zur blau markierten Seite gehörende Höhe ein.
Berechne die Umfänge und Flächeninhalte der Dreiecke, nachdem du die erforderlichen Längen gemessen hast.

① $A =$ 4 cm² $u =$ 9,7 cm

② $A =$ 3,2 cm² $u =$ 8,7 cm

③ $A =$ 3 cm² $u =$ 10,3 cm

④ $A =$ 4,2 cm² $u =$ 9,5 cm

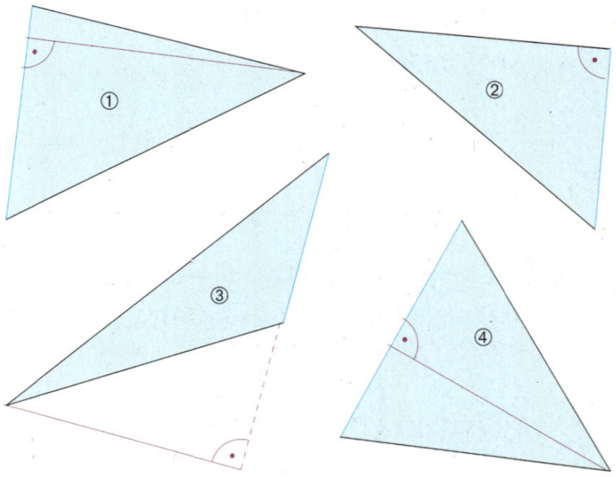

4 Wie verhalten sich die Flächeninhalte der Zeltbahnen zueinander?

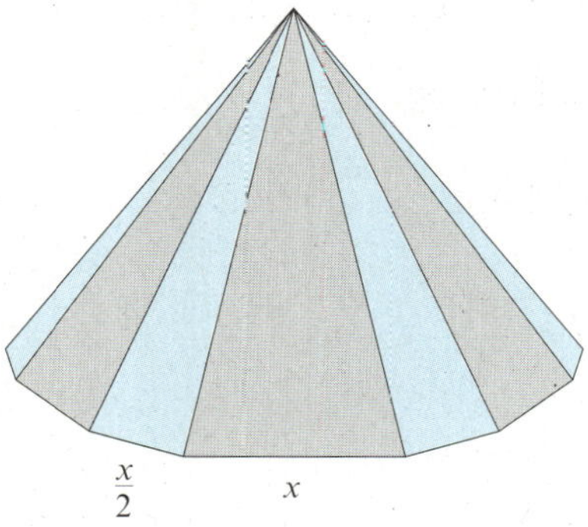

Die schmalen Bahnen sind etwa halb so groß.

5 Bestimme den Flächeninhalt der eingefärbten Teile des Rechtecks.

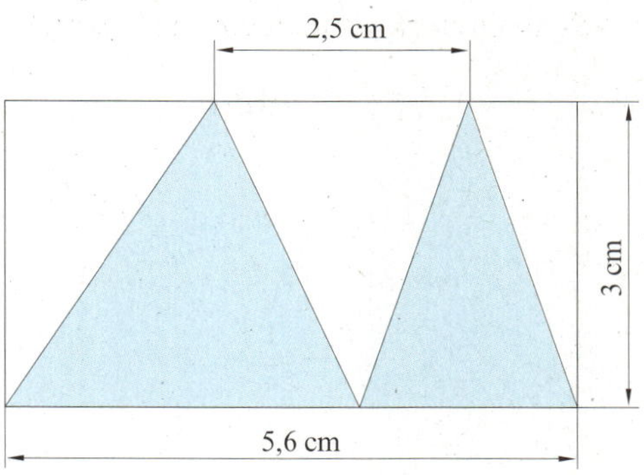

8,4 cm^2 (Die Hälfte des Rechtecks.)

6 Zeichne zwei nicht zueinander kongruente Dreiecke, die jeweils einen Flächeninhalt von 6 cm^2 haben.

7 Tom möche mit seinem Surfbrett trotz starken Gegenwindes auf die andere Seite des Sees surfen. Windstärke und Segelgröße machen ein „Kreuzen“ im 45°-Winkel erforderlich.

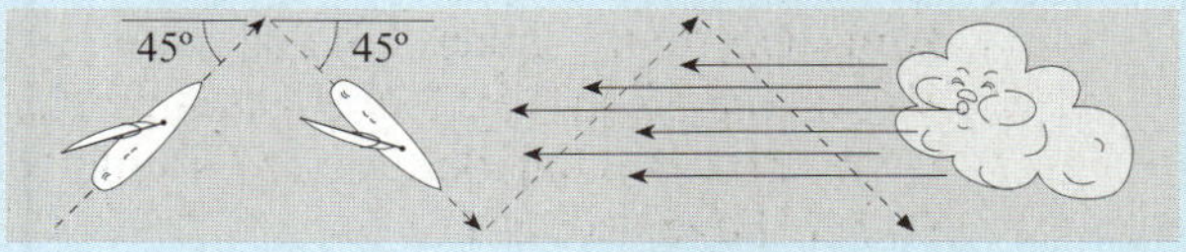

a) Rechts ist ein nahezu runder See mit 650 m Durchmesser im Maßstab 1: 10 000 als Kreis abgebildet. Zeichne einen möglichen Kurs von einem Seeufer zum gegenüberliegenden und ermittle die Länge der Wegstrecke.

Wegstrecke Kurs 1: ca. 920 m

b) Zeichne einen zweiten Kurs ein und vergleiche die Längen beider Kurse.

Wegstrecke Kurs 2: ca. 920 m

Die Wegstrecken sind gleich lang.

c) Welchen Einfluss hätte es auf die zu segelnde Strecke, wenn Tom „höher am Wind“, d. h. in einem Winkel kleiner als 45°, segeln könnte?

Die Strecke wäre kürzer.

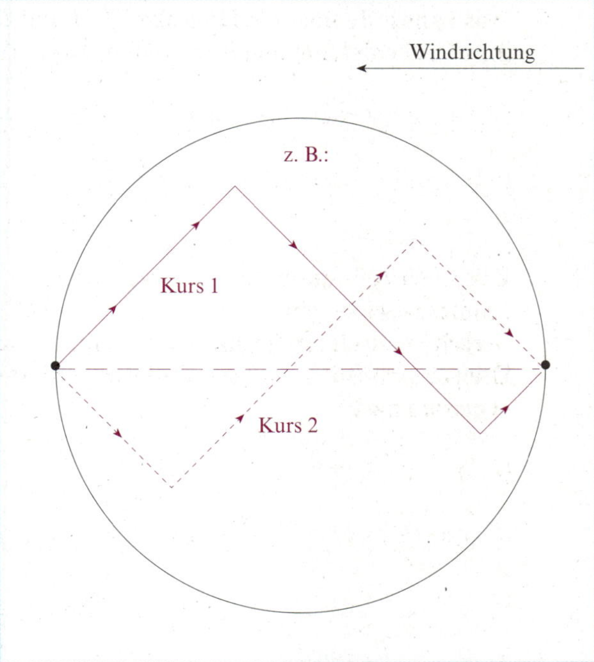

1 Zeichne ein Viereck, das **a)** genau einen, **b)** genau zwei, **c)** drei stumpfe Winkel hat. Miss alle Winkel und berechne jeweils die Summe der Innenwinkel deiner Vierecke.

(Beispiele)

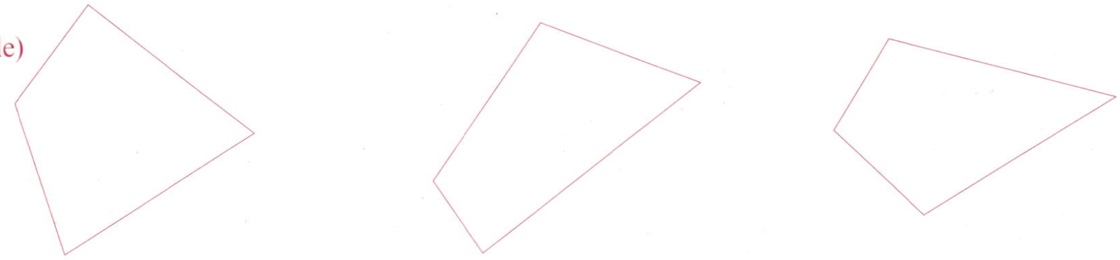

a) 360° b) 360° c) 360°

2 Ermittle jeweils die fehlenden Größen der Innenwinkel im Viereck *ABCD* (übliche Bezeichnungen).

α	β	γ	δ
110°	70°	90°	90°
72,5°	63,9°	99,9°	123,7°
90°	90°	90°	90°
172°	8°	172°	8° (= β)
100°	100° (= α)	100° (= β)	60°

3 Trage in jedes Viereck ein, ob es ein Quadrat (Q), Rechteck (R), Parallelogramm (P), Rhombus (Rh), Drachenviereck (D) oder ein Trapez (T) ist. (Oft gibt es mehrere Eintragungen.)

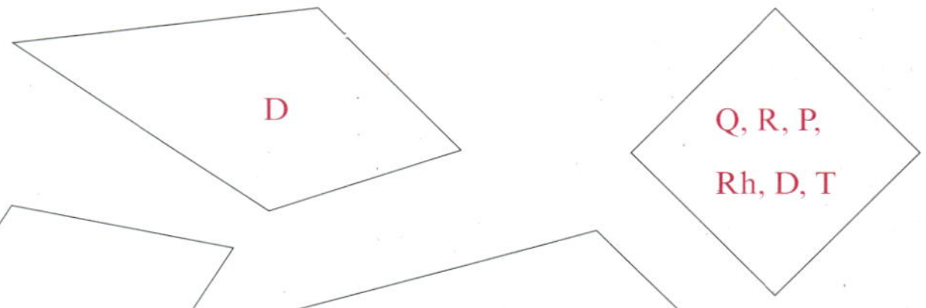

4 Kreuze in der Tabelle an, ob die genannte Eigenschaft auf die jeweilige Vierecksart zutrifft.

	Quadrat	Rechteck	Parallelogramm	Rhombus	Trapez
Alle Innenwinkel sind gleich groß.	X	X			
Gegenüberliegende Seiten sind stets parallel.	X	X	X	X	
Gegenüberliegende Winkel sind stets gleich groß.	X	X	X	X	
Die Summe der Innenwinkel beträgt 360°.	X	X	X	X	X
Die Diagonalen halbieren einander.	X	X	X	X	

5 Vervollständige zu einem Rechteck $ABCD$ mit der Diagonalenlänge $d = 5$ cm.

6 Vervollständige zu einem Drachenviereck $ABCD$ mit $\overline{BC} = 3$ cm; $\beta = 55°$.

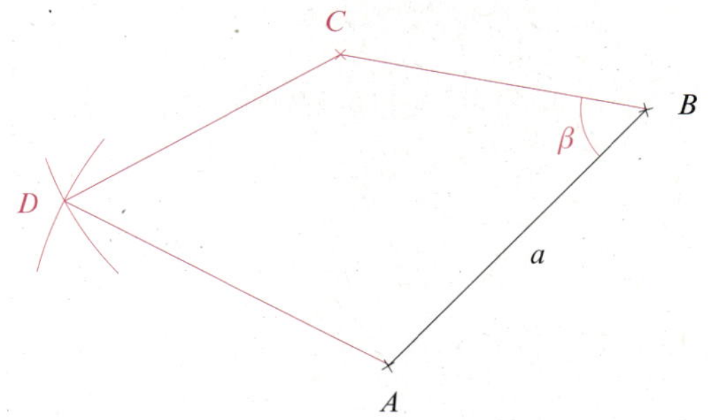

7 Konstruiere ein Trapez $ABCD$ mit $\overline{AB} = 4$ cm, $h = 2{,}6$ cm; $\alpha = 100°$; $\beta = 130°$.

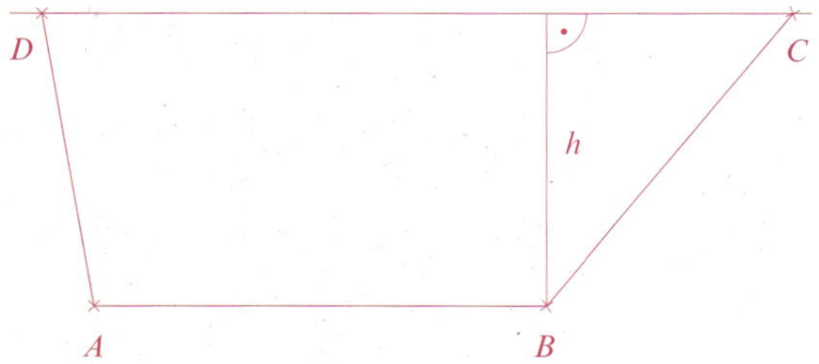

8 Konstruiere einen Rhombus $ABCD$ mit $b = 2{,}9$ cm; $\delta = 72°$.

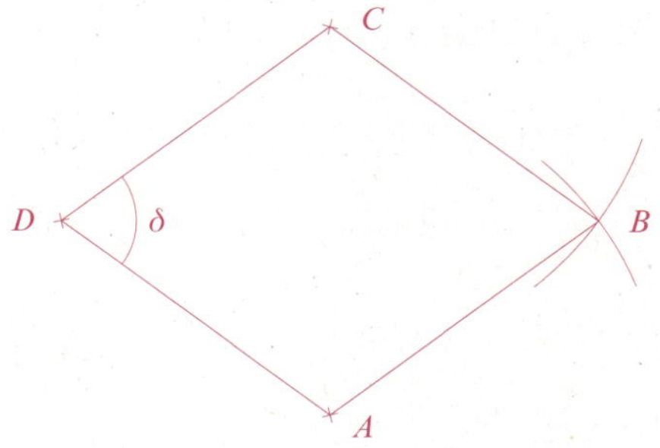

10 a) Trage die angegebenen Punkte in das Koordinatensystem ein.
$A(0; 4)$, $B(-4; 0)$, $C(0; -4)$, $D(4; 0)$,
$E(2; -3)$, $F(2; 2)$, $G(-2; 2)$, $H(-2; -3)$,
$I(0; 2)$, $J(0; 0)$, $K(0; -2)$
Diese Punkte sind die Eckpunkte von Vierecken, die du in den nächsten Aufgaben einzeichnen sollst.

b) Zeichne alle Quadrate in blau ein.

c) Zeichne alle weiteren Rhomben in rot ein.

d) Vervollständige die Vierecke $EDIB$ und $HDIB$.

Diese Vierecke sind Trapeze

e) Zeichne die Strecken $\overline{EJ}$ und $\overline{HJ}$ ein.
Welche Drachenvierecke sind so entstanden?

EDFJ, HJGB, CEJH

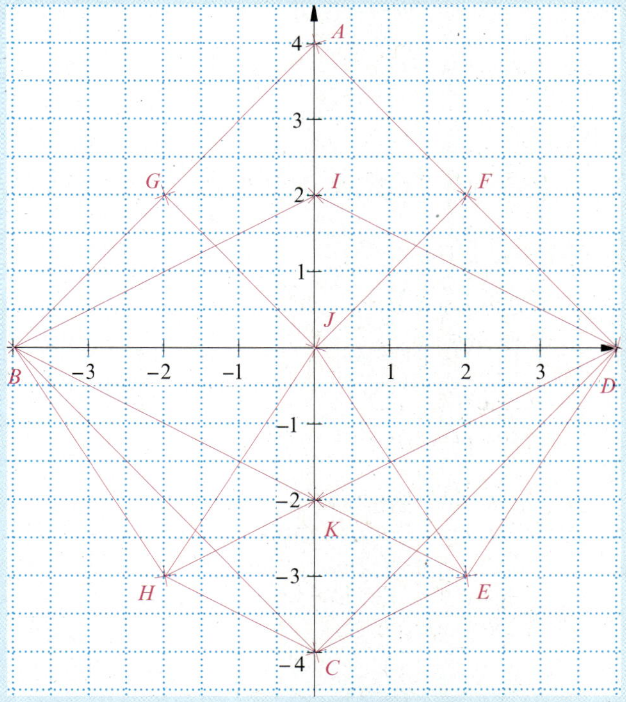

1 a) Berechne den Flächeninhalt und den Umfang des abgebildeten Parallelogramms.

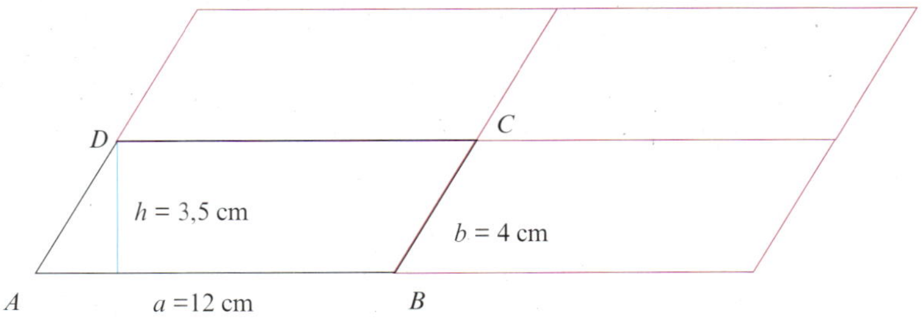

Formel: $A = a \cdot h$ — Formel: $u = 2 \cdot (a + b)$

Rechnung: $12 \cdot 3{,}5 = 42$ — Rechnung: $2 \cdot 16 = 32$

Der Flächeninhalt beträgt 42 cm^2. — Der Umfang beträgt 32 cm.

b) Zeichne an das kleine Parallelogramm seitlich und nach oben weitere kongruente Parallelogramme, so dass ein großes Parallelogramm mit doppelten Seitenlängen entsteht.
Wie ändern sich der Flächeninhalt und der Umfang eines Parallelogramms, wenn man die Seitenlängen so verändert? Ergänze den folgenden Satz.

Verdoppelt man die Seitenlängen eines Parallelogramms, verdoppeln sich auch die Höhen.

Es verdoppelt sich sein Umfang und vervierfacht sich sein Flächeninhalt.

Wie ändern sich der Umfang und der Flächeninhalt eines Parallelogramms, wenn man die Seitenlängen mit 3, (4, 5, einer Zahl n) multipliziert?

Der Umfang wird 3, 4, 5, n mal so groß. Der Flächeninhalt wird 9, 16, 25, n^2 mal so groß.

2* Welche Figur hat den größeren Flächeninhalt, welche den größeren Umfang? Berechne.

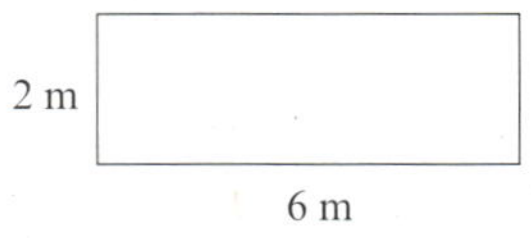

$A =$ 12 m^2

$u =$ 16 m

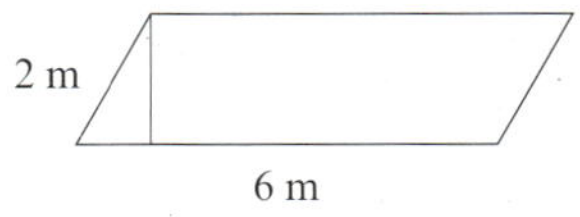

A: nicht berechenbar.

$u =$ 16 m

Die Umfänge sind gleich. Die rechte Figur hat einen kleineren Flächeninhalt, weil die Höhe kleiner ist.

3 Berechne jeweils den Flächeninhalt der Figur.
Markiere vorher die dazu benötigten Längen farbig und miss sie.

a)

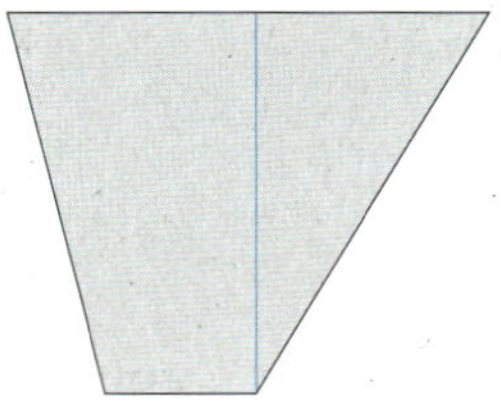

$A =$ $(10 + 32) : 2 \cdot 25 = 525$

$A \approx 5{,}25\ cm^2$

b)

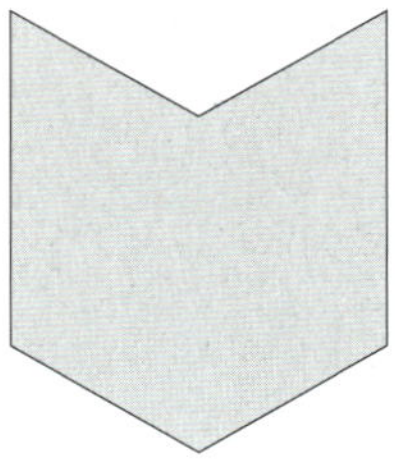

$A =$ $25 \cdot 22 = 550$

$A \approx 5{,}5\ cm^2$

Oben ausgespartes Dreieck ist unten angesetzt.

c)

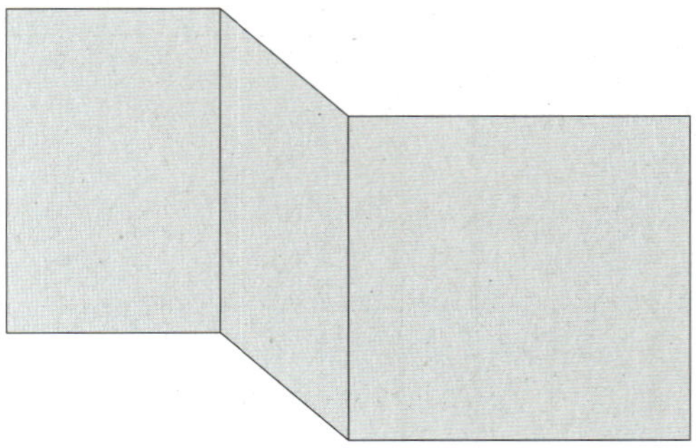

$A =$ $20 \cdot 30 + 12 \cdot 30 + 32 \cdot 30 = 1\,920$

$A \approx 19\ cm^2$

4 Gegeben seien Rechtecke *ABCD* (Bezeichnungen wie üblich). Fülle die Tabelle aus.
Zur Kontrolle: Bilde die Summe der Ziffern der Lösungen in einer Zeile. Vergleiche mit der letzten Spalte.

Seitenlänge a	Seitenlänge b	Flächeninhalt A	Umfang u	Kontrolle
7 cm	2 cm	14 cm²	18 cm	[14]
3,5 m	8,2 m	28,7 m²	23,4 m	[26]
6 cm	20 cm	120 cm²	52 cm	[9]
4,5 cm	3 cm	13,5 cm²	1,5 dm	[12]
3 cm	4 cm	12 cm²	14 cm	[7]

5* Der russische Maler KASIMIR MALEVICH hat 1915 in einer Ausstellung 35 abstrakte Bilder gezeigt, in denen er ausschließlich Quadrate, Rechtecke, Trapeze und Kreise in den Farben Rot, Schwarz, Blau und Gelb auf weißem Untergrund anordnete.
Das nebenstehende Bild soll den Flug eines Flugzeuges darstellen und hat eine Größe von

$22\frac{3}{8} \times 19$ inches (1 cm = 0,3937 inch).

a) Ermittle den Flächeninhalt des Bildes in cm².

$A = 56{,}8\text{ cm} \cdot 48{,}3\text{ cm} \approx 2\,743\text{ cm}^2$

b) Ermittle näherungsweise den Flächeninhalt der größten Teilfläche. (Maßstab: 1 mm ≙ 0,8 cm)

$A \approx 13{,}6\text{ cm} \cdot 20{,}8\text{ cm} \approx 280\text{ cm}^2$

Kasimir Malevich, *Airplane Flying*, 1915

6* KNOBELEI:
Das rechts abgebildete Quadrat wird wie dargestellt in vier Teile zerschnitten. Martin behauptet, die Teile zu dem unten abgebildeten Rechteck neu zusammenlegen zu können. Berechne jeweils die Flächeninhalte der beiden gezeichneten Figuren.

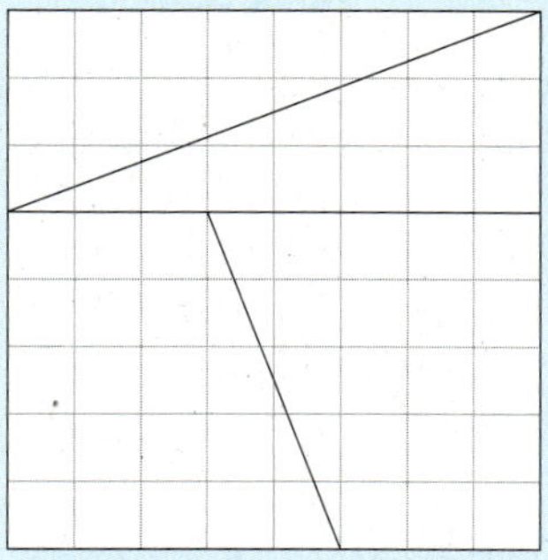

Flächeninhalt Quadrat: 64 Kästchen = 16 cm² Flächeninhalt Rechteck: 65 Kästchen = 16,25 cm²

Die Flächeninhalte sind unterschiedlich. Das kann doch nicht sein!
Wo liegt der Fehler?

Man kann die Teile des Quadrats nicht genau zu einem Rechteck legen.

Es würde eine kleine Spalte leer bleiben, die genau ein Kästchen groß ist.

1 Schätze die Flächeninhalte der Figuren.
Miss anschließend alle benötigten Längen und berechne die Flächeninhalte.
Welche deiner Schätzungen war am besten?

$A_{\text{geschätzt}}$ = ...

$A_{\text{berechnet}}$ = 12,75 cm²

$A_{\text{geschätzt}} - A_{\text{berechnet}}$ = ...

$A_{\text{geschätzt}}$ = ...

$A_{\text{berechnet}}$ = 12,75 cm²

$A_{\text{geschätzt}} - A_{\text{berechnet}}$ = ...

$A_{\text{geschätzt}}$ = ...

$A_{\text{berechnet}}$ = 10,2 cm²

$A_{\text{geschätzt}} - A_{\text{berechnet}}$ = ...

$A_{\text{geschätzt}}$ = ...

$A_{\text{berechnet}}$ = 16,4 cm²

$A_{\text{geschätzt}} - A_{\text{berechnet}}$ = ...

2 Der Flächeninhalt eines der blauen Quadrate ist 1,44 cm².

a) Wie groß ist der Flächeninhalt der weißen Fläche?

$5 \cdot 1{,}44\ \text{cm}^2 = 7{,}2\ \text{cm}^2$

b) Wie groß ist der Flächeninhalt der gesamten Fläche?

$1{,}44\ \text{cm}^2 \cdot 9 = 12{,}96\ \text{cm}^2$

c) Wie groß ist der Umfang der gesamten Figur?

Kantenlänge eines blauen Quadrats: $1{,}44 = 1{,}2 \cdot 1{,}2$

$u = 3 \cdot 1{,}2\ \text{cm} \cdot 4 = 14{,}4\ \text{cm}$

d) Wie groß ist der Umfang des weißen Kreuzes?

$u = 12 \cdot 1{,}2\ \text{cm} = 14{,}4\ \text{cm}$

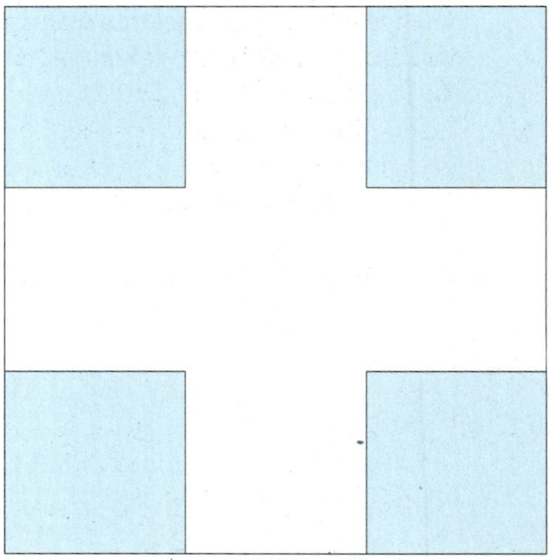

Achtung: Die Figur ist hier vergrößert dargestellt!

3 Setze das Muster fort. Wie groß sind die Flächeninhalte der eingefärbten Teile der Quadrate?

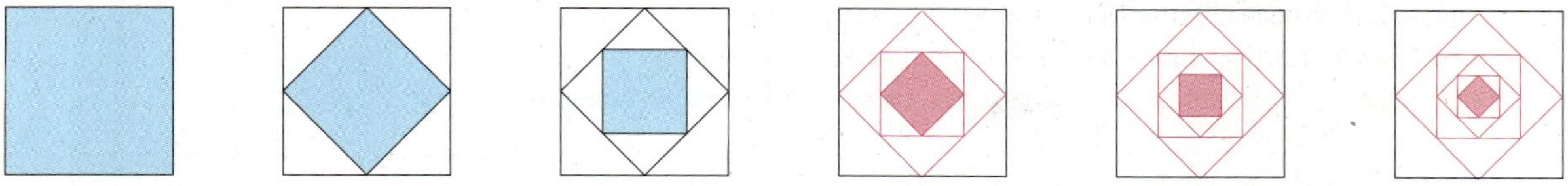

$A = 4\ cm^2$ $A = 2\ cm^2$ $A = 1\ cm^2$ $A = 0{,}5\ cm^2$ $A = 0{,}25\ cm^2$ $A = 0{,}125\ cm^2$

Bei Aufgabe 4 sind die Quersummen der Lösungen in eckigen Klammern angegeben.

4 Berechne Umfang und Flächeninhalt. Zerlege die Figuren gegebenenfalls in dir bekannte Vierecksarten.

a)

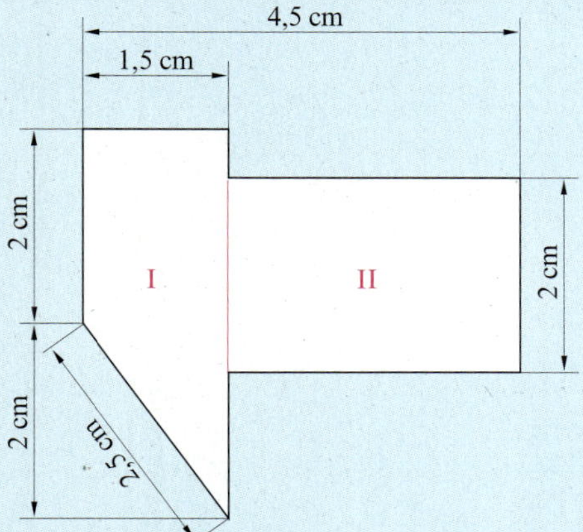

Teilfläche I: $A = \frac{4+2}{2} \cdot 1{,}5 = 4{,}5\ cm^2$

Teilfläche II: $A = 2\ cm \cdot 3\ cm = 6\ cm^2$

$A = 4{,}5\ cm^2 + 6\ cm^2 = 10{,}5\ cm^2$

u: $4 + 4{,}5 + 3 + 2 + 2{,}5 = 16$; $u = 16$ cm [6; 7]

b)

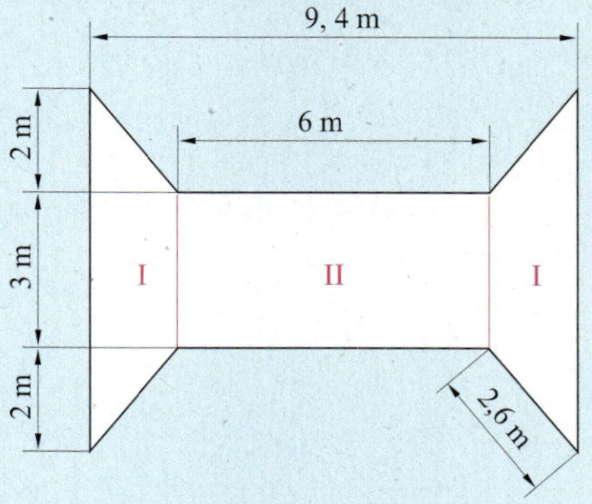

Teilfläche I = III $A = \frac{3+7}{2} \cdot 1{,}7 = 8{,}5\ m^2$

Teilfläche II: $A = 3 \cdot 6 = 18\ m^2$

$8{,}5 + 8{,}5 + 18 = 35$

$A = 35\ m^2$

u: $2 \cdot 7 + 2 \cdot 6 + 4 \cdot 2{,}6 = 36{,}4$; $u = 36{,}4$ m [8; 13]

5 Ein Auszubildender soll die Druckkosten für 2 000 Papp-Verpackungen berechnen. Die Druckerei gibt ihm die Auskunft, dass der Druck von 1 m² ungefähr 18 € kostet. Die Oberfläche der Verpackungen wird nur von außen bedruckt. Der Auszubildende hat die Verpackung aufgeklappt und im Maßstab 1 : 2 zweifach verkleinert aufgezeichnet. Schreibe die Originallängen an die Maßlinien.

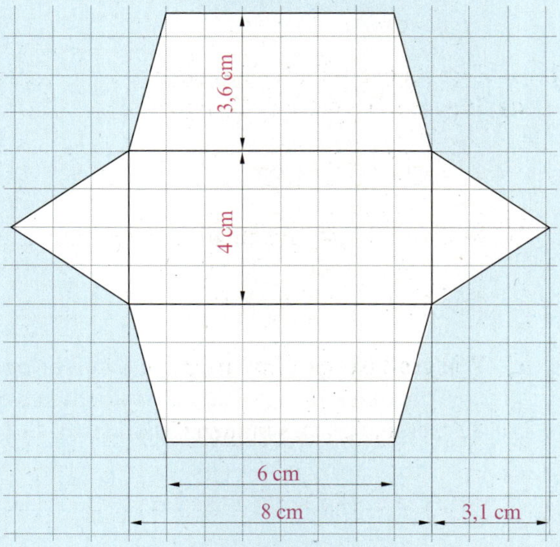

a) Berechne die bedruckte Fläche für eine Verpackung.

2 Trapeze: $(6 + 8) \cdot 3{,}6 : 2 \cdot 2 = 50{,}4$

Rechteck: $4 \cdot 8 = 32$;

2 Dreiecke: $4 \cdot 3{,}1 : 2 \cdot 2 = 12{,}4$

Gesamte Fläche: $94{,}8\ cm^2 \approx 95\ cm^2 = 0{,}009\,5\ m^2$

b) Berechne die Druckkosten für 2 000 Stück: $2000 \cdot 0{,}0095 \cdot 18 = 342$; Kosten: ca. 350 €

1 Anteile können ganz unterschiedlich dargestellt werden: als Prozentsatz, als ungekürzter oder gekürzter Bruch, als Dezimalbruch oder durch eine grafische Darstellung.
Stelle die gefärbten Anteile zunächst als Bruch, dann als Prozentangabe dar.

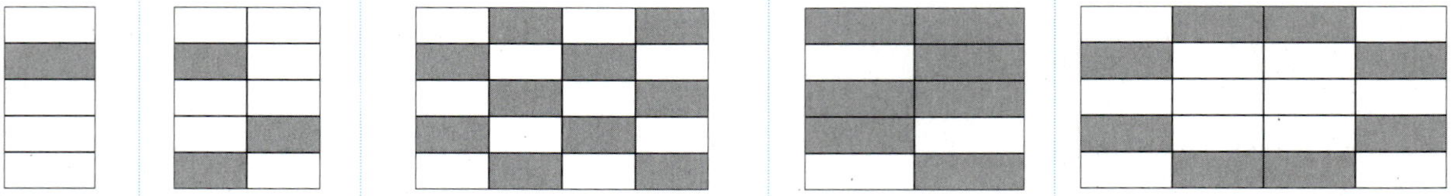

$\frac{1}{5}$	$\frac{3}{10}$	$\frac{10}{20} = \frac{1}{2}$	$\frac{7}{10}$	$\frac{8}{20} = \frac{2}{5}$
20 %	30 %	50 %	70 %	40 %

2 In jeder Spalte der Tabelle soll der gleiche Anteil unterschiedlich dargestellt werden.
Vervollständige die Tabelle.

80 %	75 %	$66\frac{2}{3}$ %	25 %
$\frac{80}{100} = \frac{4}{5} = 0{,}8$	$\frac{75}{100} = \frac{3}{4} = 0{,}75$	$\frac{66}{100} \approx \frac{2}{3} = 0{,}\overline{6}$	$\frac{25}{100} = \frac{1}{4} = 0{,}25$

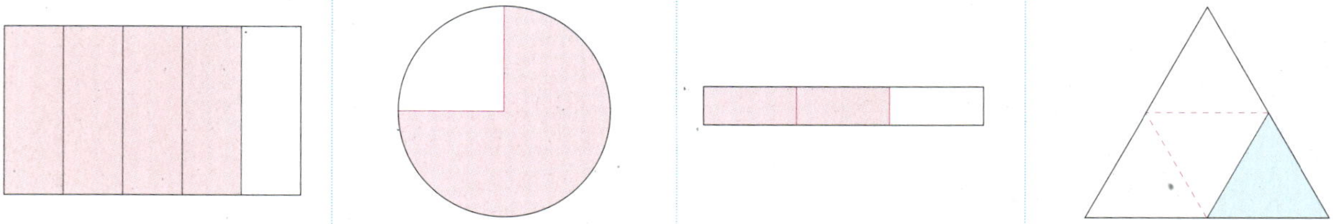

3 Kennzeichne jeweils die entsprechenden Anteile farbig.

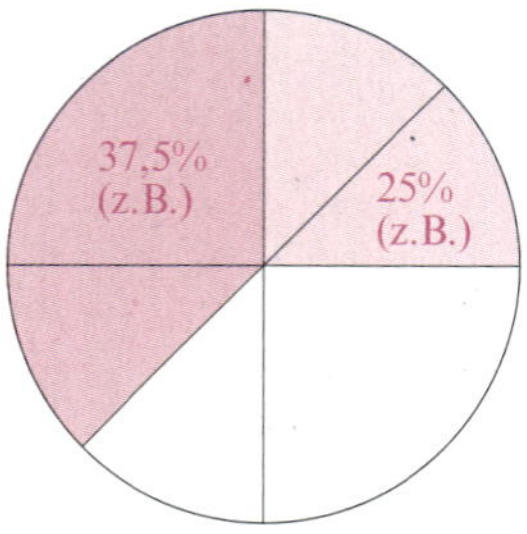

rot: 25 % blau: 37,5 %

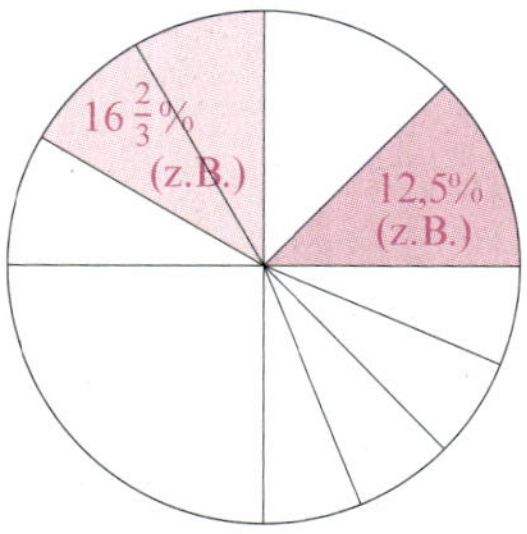

rot: 12,5 % blau: $16\frac{2}{3}$ %

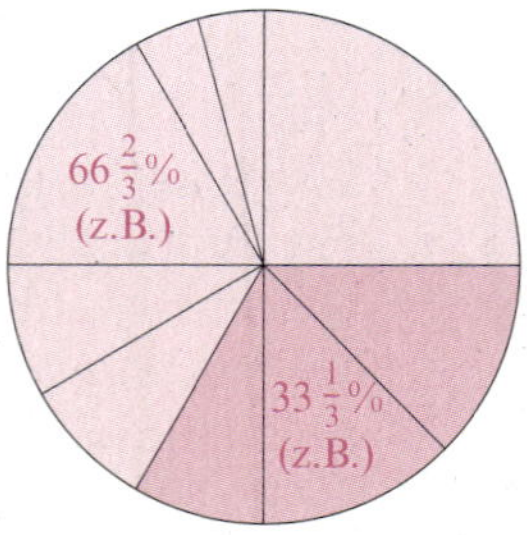

rot: $33\frac{1}{3}$ % blau: $66\frac{2}{3}$ %

4 Ist die Angabe + 50 % auf dem Schokoriegel korrekt?
Der hinzugekommene Anteil ist doch nur ein Drittel des vergrößerten Schokoriegels!

Die Angabe ist richtig, denn es sind 50 % des ursprünglichen Schokoriegels.

5 **a)** Gib die Prozentsätze an.

5 € von 10 €	5 € von 20 €	5 € von 25 €	5 € von 50 €	5 € von 75 €	5 € von 100 €
50 %	25 %	20 %	10 %	6,7 %	5 %

b) Gib die Prozentwerte an.

1 % von 300 €	2 % von 300 €	4 % von 300 €	10 % von 300 €	25 % von 300 €	75 % von 300 €
3 €	6 €	12 €	30 €	75 €	225 €

c) Berechne den Grundwert.

20 % sind 120 kg. G = 600 kg

50 % sind 108 kg. G = 216 kg

130 % sind 34 €. G = 26,15 €

25 % sind 4 t. G = 16 t

d) Vermischtes:

30 % von 785 € sind 235,50 €

45 % von 675 kg sind 303,75 kg

≈ 42 % von 5 800 g sind 2430 g.

70 % von 7 000 m^3 sind 4 900 m^3.

6 **a)** Wie viel Prozent der Flächen sind jeweils grau, wie viel blau gefärbt?

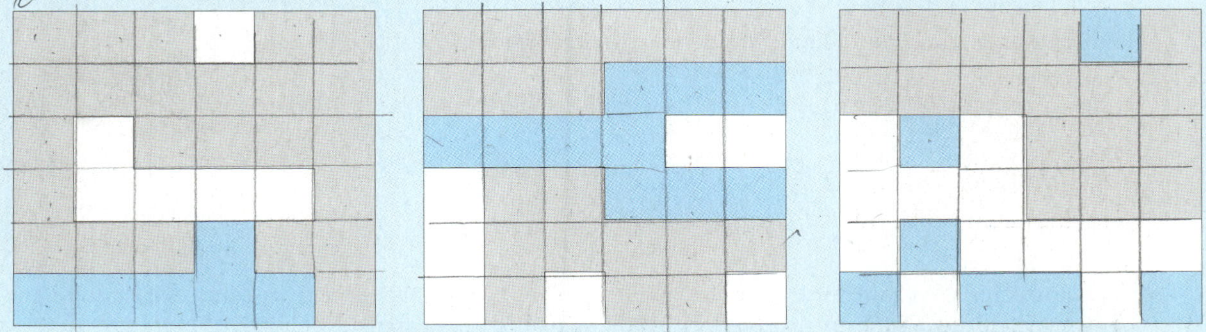

grau: $66{,}\overline{6}$ % blau: $16{,}\overline{6}$ % | grau: $52{,}\overline{7}$ % blau: $27{,}\overline{7}$ % | grau: $47{,}\overline{2}$ % blau: $19{,}\overline{4}$ %

b) Färbe jeweils die angegebenen Anteile der Flächen ein.

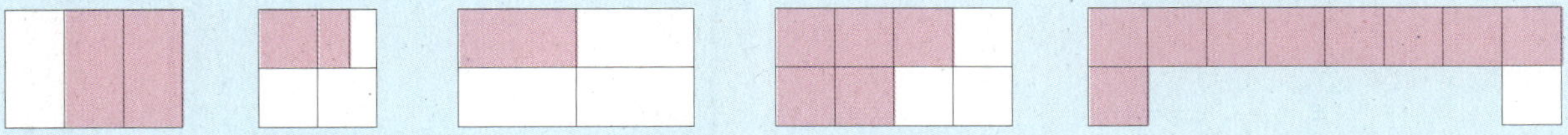

$66\frac{2}{3}$ % 37,5 % 25 % 62,5 % 90 %

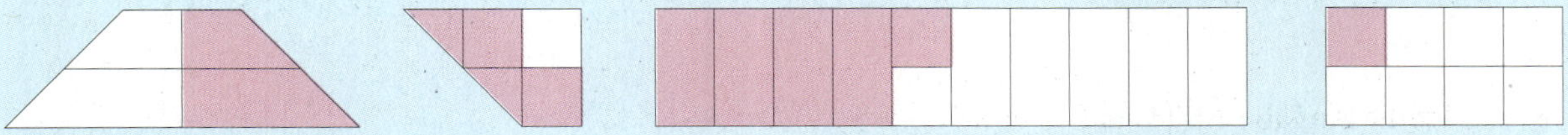

50 % 75 % 45 % 12,5 %

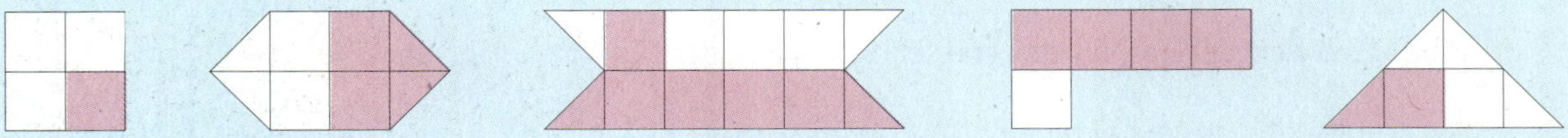

25 % 50 % 60 % 80 % 37,5 %

1 a) Schreibe auf, was in den beiden Diagrammen dargestellt wird.
b) Vervollständige zu jedem Diagramm die Tabelle, indem du die Daten abliest.

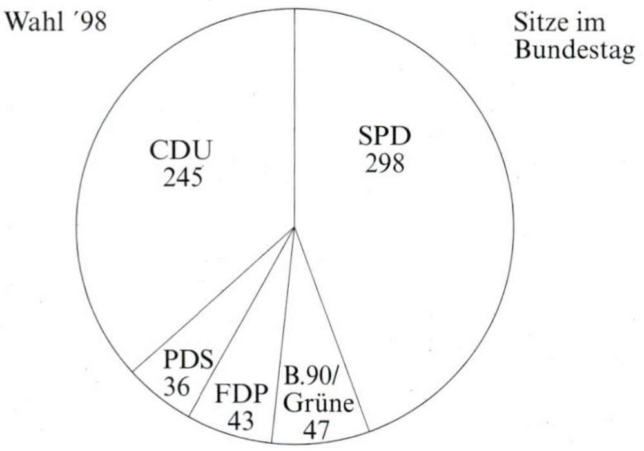

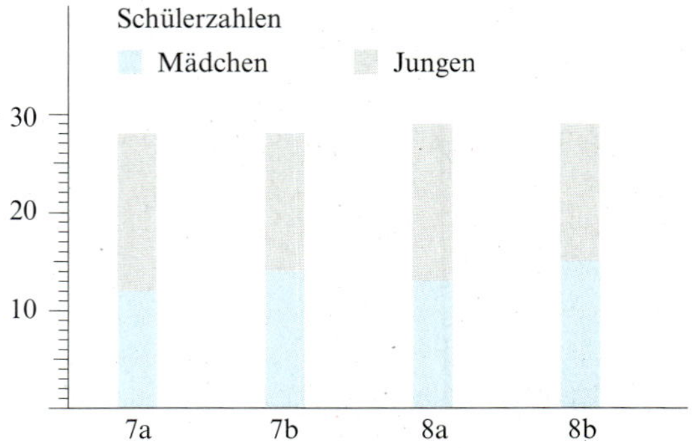

Die Sitze der Parteien im Bundestag nach der Wahl 1998.

Die Schülerzahlen von 4 Klassen getrennt nach Mädchen und Jungen.

Partei	SPD	CDU	GR.	FDP	PDS	
Sitze	298	245	47	43	36	=669
Winkel	160°	132°	25°	23°	19°	

Klasse	7a	7b	8a	8b
Mädchen	12	14	13	15
Jungen	16	14	16	14

2 Einschulungen im Bundesland Brandenburg in den Jahren 1991 bis 1999.

Einschulungsjahr	1991	1992	1993	1994	1995	1996	1997	1998	1999
Einschulungen	38 350	37 690	36 117	35 821	34 114	32 478	26 291	17 962	15 650
Anteil (1991 ≙ 100 %)	100 %	98 %	94 %	93 %	89 %	85%	69 %	47 %	41 %

a) Wie hat sich die Anzahl der Einschulungen in Bezug auf das Jahr 1991 prozentual entwickelt? Vervollständige die obige Tabelle.

b) Stelle die Entwicklung der Einschulungen in einem Streifendiagramm dar. Beschrifte mit auf Tausender gerundeten Zahlen.

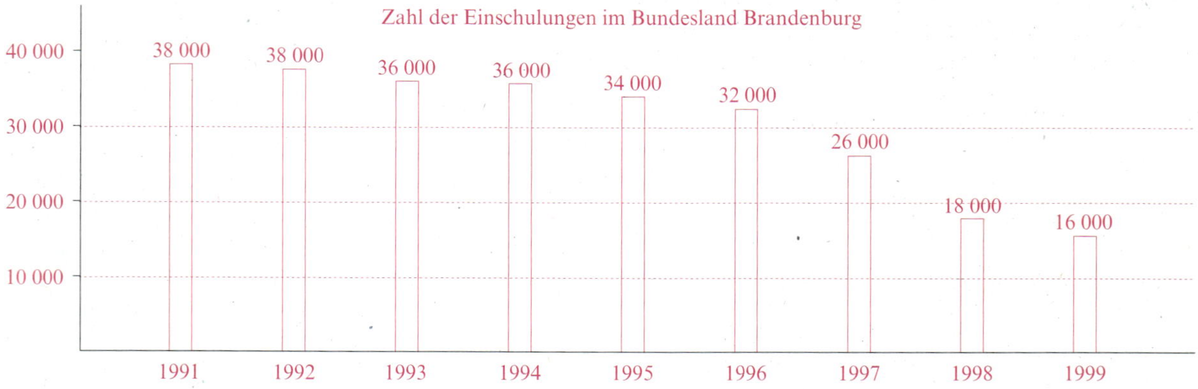

c) Finde eine Begründung für den starken Rückgang der Einschulungen ab 1996 / 1997.

Mit der Wende 1989 begann die Geburtenrate in den neuen Bundesländern zu sinken.

Die machte sich 6 Jahre später bei den Einschulungen bemerkbar.

3 a) Was wird im Diagramm dargestellt?

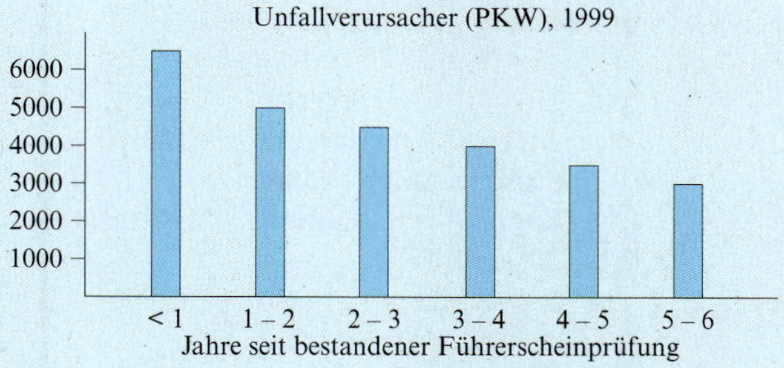

Die Anzahl der Unfallverursacher abhängig davon, wie lange sie ihre Fahrerlaubnis haben.

b) Berechne jeweils die prozentualen Anteile der Unfallverursacher der 6 Gruppen.
Wähle dabei als Grundwert die Gesamtzahl aller Unfallverursacher dieser Gruppen.
Zeichne ein Kreisdiagramm.

Unfallverursacher der ersten 6 Gruppen: ca. 26 500

Fahrerlaubnis seit	Unfallverursacher Anzahl	Unfallverursacher in Prozent
< 1 Jahr	ca. 6 500	ca. 25 %
1 - 2 Jahre	ca. 5 000	ca. 19 %
2 - 3 Jahre	ca. 4 500	ca. 17 %
3 - 4 Jahre	ca. 4 000	ca. 15 %
4 - 5 Jahre	ca. 3 500	ca. 13 %
5 - 6 Jahre	ca. 3 000	ca. 11 %

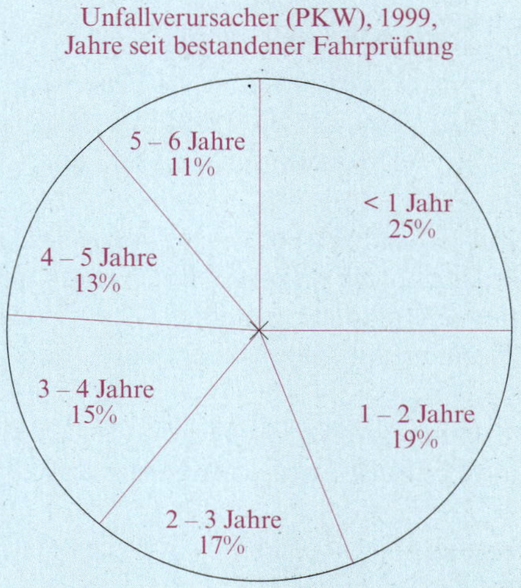

c)* Das Diagramm in b) vermittelt den Eindruck, als wären ein Viertel aller Unfallverursacher Fahranfänger mit Fahrpraxis unter einem Jahr. In Wahrheit sind es jedoch nur etwa 7 %.
Durch welchen „Trick“ entstand das Diagramm, das den Eindruck erweckt?

Dieser Eindruck wird dadurch erzeugt, dass nicht alle Verursacher berücksichtigt wurden.

d) Berechne jeweils den Anteil der Anzahl der Unfallverursacher bezogen auf die Gruppe mit einem Jahr kürzerer Fahrpraxis. Vervollständige die Tabelle.
Stelle das Ergebnis in einem geeigneten Diagramm dar.

Fahrerlaubnis seit	Anzahl	Anteil in Prozent
< 1 Jahr	ca. 6 500	–
1 - 2 Jahre	ca. 5 000	77 %
2 - 3 Jahre	ca. 4 500	90 %
3 - 4 Jahre	ca. 4 000	89 %
4 - 5 Jahre	ca. 3 500	87 %
5 - 6 Jahre	ca. 3 000	86 %

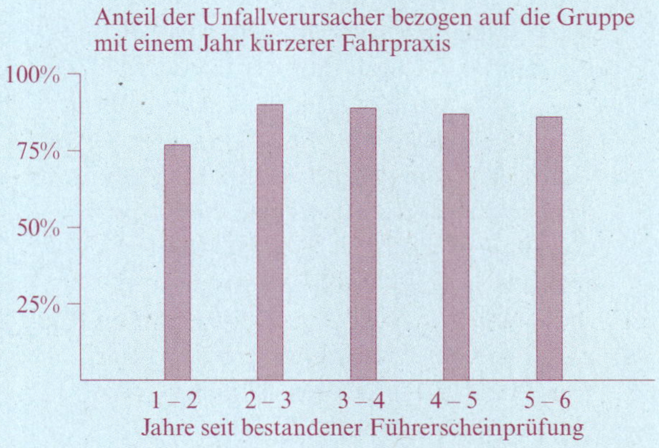

1

Senkrecht

a: 10 % von 123
b: So viel % sind 66 von 600
c: 42,96 sind 120 % davon.
d: 50 % von 16095
e: Zu 50000 kommen 12,4 % hinzu.
f: 8520,3 sind 30 % davon.
g: Durch 4 geteilt gibt so viel Prozent.
h: 20 % von 715
i: Ein Ganzes in Prozent.

Waagerecht

d: Ergibt um 50 % vergrößert 1 222,5.
h: Die Quersumme ist eine Primzahl.
j: So viele Ganze sind 500 %.
k: Ein Fünftel sind so viel Prozent.
l: 5 um 100 % vergrößert
m: 10,5 sind 30 % davon.
n: 25 % davon sind 107.
o: 12,5 % von 50 224
p: Das Fünffache als Prozentsatz
q: 200, um die Hälfte vergrößert
r: 15 um ein Drittel verkleinert

a 1		j 5		b 1	c 3
k 2	0		d 8	1	5
,		l 1	0		,
m 3	e 5		n 4	f 2	8
	o 6	g 2	7	8	
h 1	2	5	,	4	i 1
4	0		p 5	0	0
q 3	0	0		r 1	0

2 Familie Schollbach stellt beim Vergleich der Einkommen folgendes fest:
Oma Schollbach bekommt 865 € und Opa Schollbach 1146 € Rente.
Mutter Schollbach verdient 1 272 €, Vater Schollbach 1 835 € und die Tochter 587 €.
Der Sohn erhält als Auszubildender von seinem Betrieb 378 €.

a) Kennzeichne im Kreisdiagramm für jedes Familienmitglied den prozentualen Anteil am Gesamteinkommen der Familie farbig. Beschrifte das Diagramm mit Namen und Prozentsätzen.

Name	Verdienst	Prozentsatz	Winkel
Oma	865 €	14,2 %	51°
Opa	1 146 €	18,8 %	68°
Mutter	1 272 €	20,9 %	75°
Vater	1 835 €	30,2 %	109°
Tochter	587 €	9,6 %	35°
Sohn	378 €	6,2 %	22°

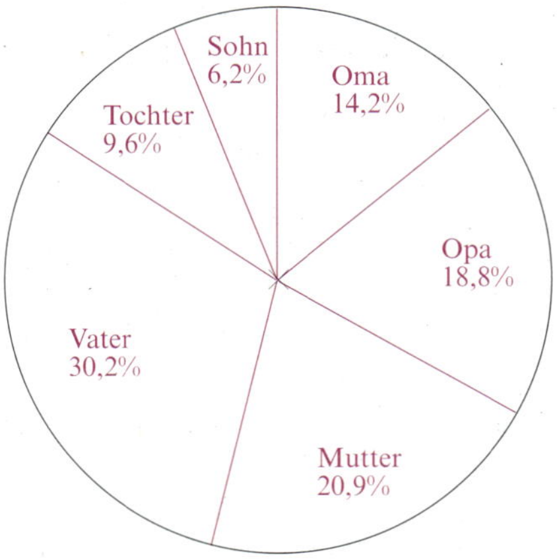

b) Nach einer Rentenerhöhung erhält Oma Schollbach 38,93 € mehr. Um wie viel Prozent ist dadurch ihre Rente gestiegen?

38,93 : 865 · 100 = 4,5

Ihre Rente ist um 4,5 % gestiegen.

c) Opa Schollbachs Rente erhöht sich um den gleichen Prozentsatz wie die Rente von Oma Schollbach. Wie viel Rente erhält Opa Schollbach nun insgesamt?

4,5 · 1 146 : 100 = 51,57; 51,57+1 146 =1 197,57

Er bekommt nun 1 197,57 €.

d) Aufgrund einer Krankheit erhält Mutter Schollbach im folgenden Monat 11 % weniger Gehalt. Wie hoch ist ihr Einkommensverlust in Euro?

1272 · 11 : 100 = 139,92

Sie erhält 139,92 € weniger.

3 **a)** Ergänze die folgende Tabelle. Erfrage die dazu notwendigen Daten für deine Schule.

	Mädchen		Jungen	
	Anzahl	in %	Anzahl	in %
Klasse 7				
Klasse 8				
Klasse 9				
Klasse 10				
insgesamt				

b) Ermittle die Anteile von Mädchen und Jungen für jede Jahrgangsstufe und für die gesamte Schule in Prozent.

c) Markiere auf den Balken die Anteile der Mädchen und Jungen farbig.

4 Neben dem Fahrrad sind Rollschuhe und Skateboards beliebte Fortbewegungsmittel. Mit diesen Sportgeräten können relativ hohe Geschwindigkeiten erreicht werden. Stürze und Kollisionen können leicht zu Verletzungen führen, weil im Gegensatz zum Auto die Knautschzone fehlt. Stelle die häufigsten Verletzungen beim Inline-Skaten nach der Häufigkeit ihres Vorkommens geordnet in einem Kreisdiagramm und daneben in einem anderen geeigneten Diagramm dar.

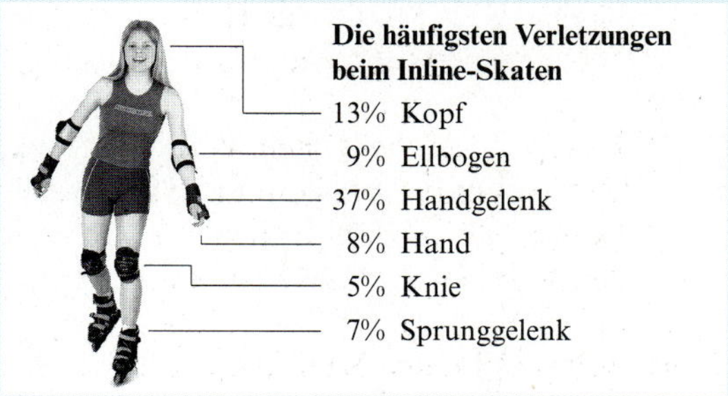

	Handgelenk	Kopf	Ellbogen	Hand	Sprunggelenk	Knie	Sonstige
Anteile	37 %	13 %	9 %	8 %	7 %	5 %	21 %
Winkel	133°	47°	32°	30°	25°	18°	76°

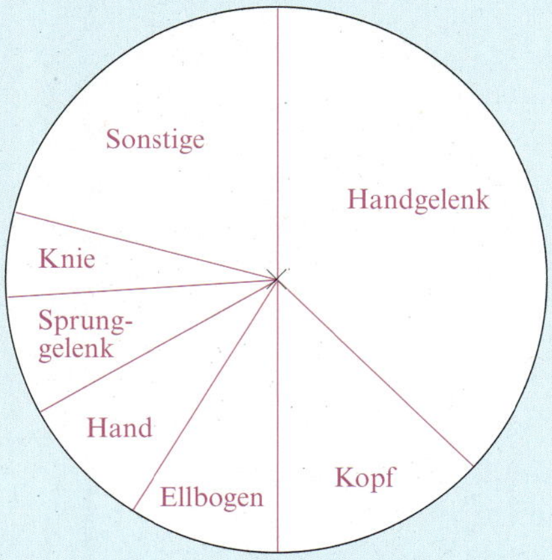

Geeignet wäre hier z. B. ein Streifendiagramm oder ein Blockdiagramm. Ungeeignet wäre ein Liniendiagramm.

5 Frau Gutgeld hat eine Halbtagsstelle. Ihr monatlicher Bruttolohn beträgt laut Tarif 1 312 €. Auf ihr Konto werden allerdings nur 845 € überwiesen, weil die Beiträge für die Sozialversicherungen und die Steuern vorher abgezogen werden. Vervollständige die Tabelle.

Rentenversicherung (10,2 %)	Arbeitslosenversicherung (3,25 %)	Krankenversicherung (6,6 %)	Pflegeversicherung (0,85 %)	Steuern
133,82 €	42,64 €	86,59 €	11,15 €	192,80 €

1 Auf der Zahlengeraden sollen Zahlen abgelesen und eingetragen werden.

a) Trage passende Zahlen in die Kästchen ein.

b) Zeichne die folgenden Zahlen in die Zahlengerade ein: $-0{,}75$; $0{,}5$; $-2{,}75$; $\frac{9}{4}$; $3{,}05$; $-\frac{7}{2}$

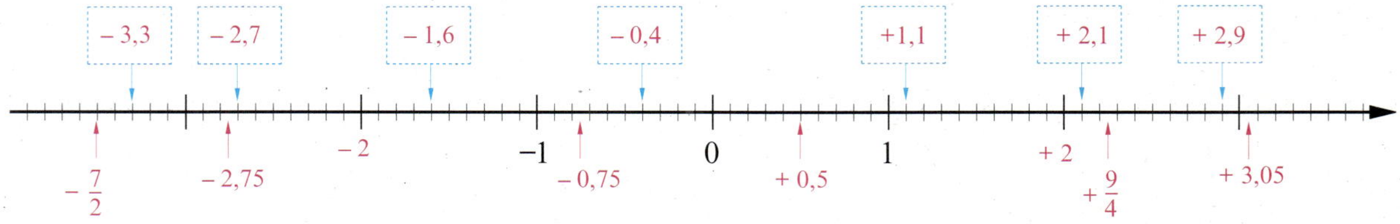

2 Setze in die quadratischen Kästchen passende Zahlen ein.
Ergänze in den Kreisen die Zeichen < (kleiner als), = (gleich) oder > (größer als).

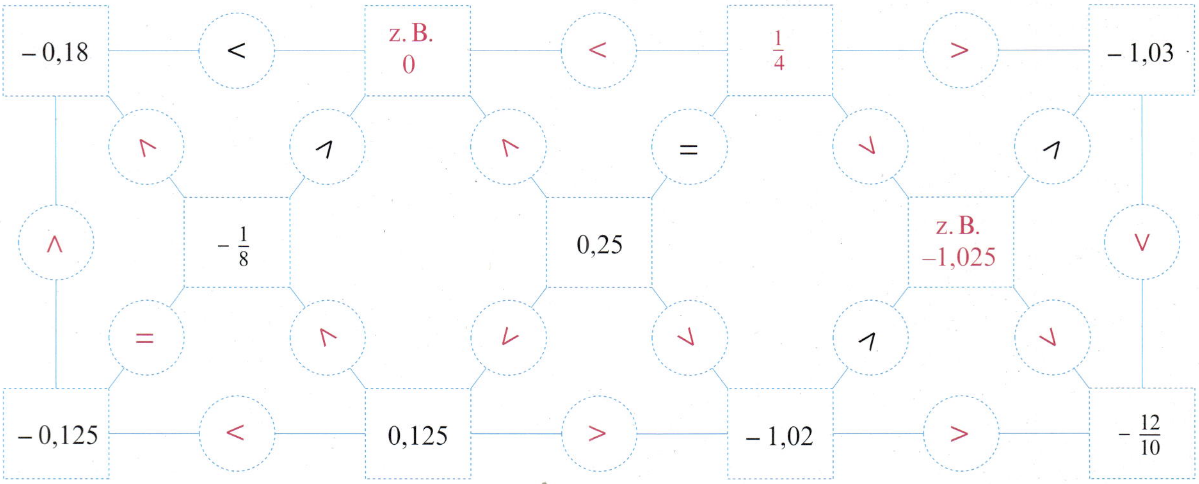

3 In der Tabelle sind verschiedene Orte der Erde mit ihrer Höhe überhalb bzw. unterhalb des Meeresspiegels angegeben (NN bedeutet Normal Null und entspricht dem Meeresspiegel.)
Schreibe in der Tabelle die Höhen mit Vorzeichen.
Trage unten die Orte nach ihrer Höhe geordnet ein.

Afrika	Lac Assal (Djibouti): 174 m unter NN	– 174 m	Kilimanjaro (Tansania): 5 895 m über NN	+ 5 895 m
Asien	Totes Meer (Israel, Jordanien): 408 m unter NN	– 408 m	Mount Everest (Nepal, Tibet): 8 850 m über NN	+ 8 850 m
Australien	Lake Eyre: 15 m unter NN	– 15 m	Mount Kosciuszko: 2 229 m über NN	+ 2 229 m
Europa	Lammefjord (Dänemark): 7 m unter NN	– 7 m	Mont Blanc (Frankreich, Italien): 4 807 m über NN	+ 4 807 m
Nordamerika	Tal des Todes (USA): 86 m unter NN	– 86 m	Mount McKinley (USA): 6 194 m über NN	+ 6 194 m
Südamerika	Salinas Chicas (Argentinien): 40 m unter NN	– 40 m	Aconcagua (Argentinien): 6 960 m über NN	+ 6 960 m

Totes Meer, Lac Assal, Tal des Todes, Salinas Chicas, Lake Eyre, Lammefjord,

Mount Kosciuszko, Mont Blanc, Kilimanjaro, Mount McKinley, Aconcagua, Mount Everest

4 Trage an den punktierten Stellen rationale Zahlen ein, sodass wahre Aussagen entstehen.
Beispiel: $-15 > -20$

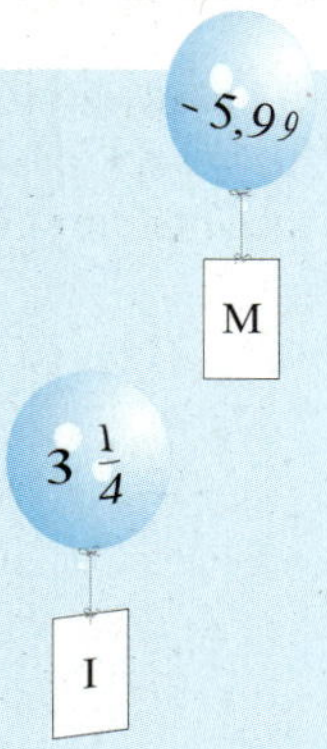

a) .... > 8 > .... > .... > −4 > .... > ....

b) .... < .... < −2 < .... < .... < 0,3

c) .... > $-\frac{2}{3}$ > .... > .... > $-\frac{3}{4}$ > .... > ....

5 **a)** Trage die Zahlen in den Luftballons auf dieser Seite so in die hellen Kreisfelder ein, dass nur wahre Aussagen entstehen.
b) Schreibe in die inneren Kreise die entsprechenden Buchstaben. Erkennst du das Lösungswort?

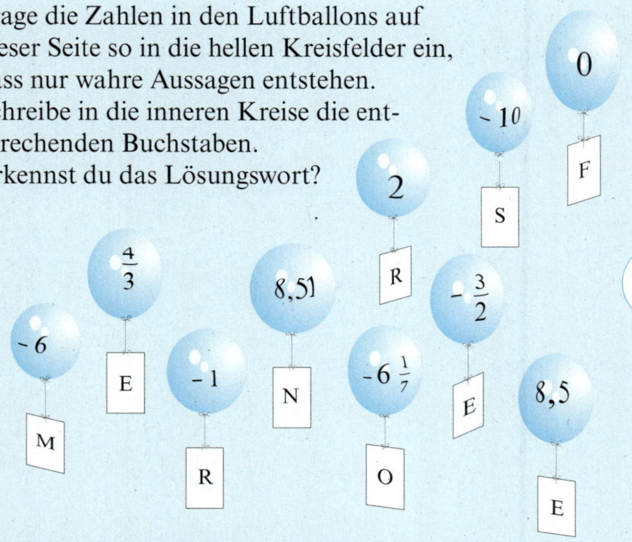

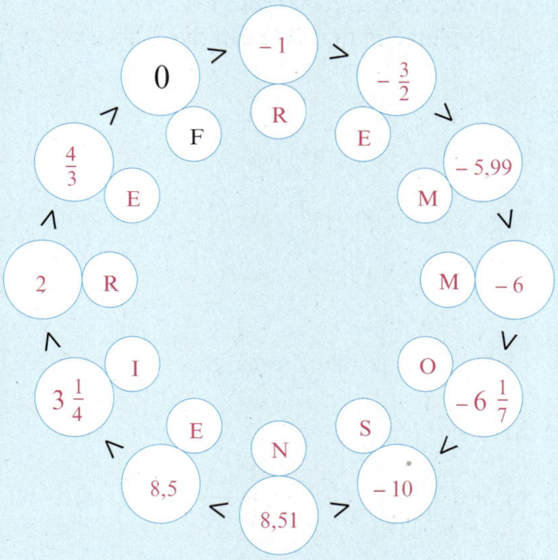

Lösungswort: SOMMERFERIEN

6 Wenn es in Rom 12 Uhr mittags (MEZ) ist, zeigen die Uhren in Sydney schon 9 Uhr abends und in Hongkong 19 Uhr, in Los Angeles ist es aber erst 3 Uhr früh.
Svenja, Heike, Thomas und Rolf sind deutsche Austauschschüler in diesen Städten, die sich in einem Internet-Chatroom miteinander unterhalten.
Trage in die Monitore jeweils den Namen, die Stadt und die zugehörige Uhrzeit ein.

Thomas: *Bin gerade aus der Schule gekommen und hab' noch Kaffee getrunken.*

Svenja: *Hier ist es 11 Uhr abends, jetzt kann ich keinen Kaffee mehr trinken. :–)*

Rolf: *Na ihr habt's gut, ich muss jetzt los zur Schule! :–(, CU*

Heike: *Schon so spät! Ich geh' schlafen, sonst bin ich morgen total durch den Wind, CU*

1 Ergänze die Additionstürme.

−3	+5	+4	−7	−6	−5	+8
+2	+9	−3	−13	−11	+3	
+11	+6	−16	−24	−8		
+17	−10	−40	−32			
+7	−50	−72				
−43	−122					
−165						

$-6\frac{1}{2}$						
$-8\frac{1}{4}$	$1\frac{3}{4}$					
−6	$-2\frac{1}{4}$	4				
−3	−3	$\frac{3}{4}$	$\frac{13}{4}$			
−1	−2	−1	$\frac{7}{4}$	$\frac{3}{2}$		
$-\frac{1}{4}$	$-\frac{3}{4}$	$-1\frac{1}{4}$	$\frac{1}{4}$	$\frac{3}{2}$	0	
$-\frac{1}{2}$	$+\frac{1}{4}$	−1	$-\frac{1}{4}$	$+\frac{1}{2}$	+1	−1

2 Setze rationale Zahlen so ein, dass sich wahre Aussagen ergeben.

a) −3 − [9] = −12 **b)** [−21] − (−6) = −15 **c)** [1,5] + $\left(-\frac{1}{2}\right)$ = +1

d) +0,7 + [(−4,8)] = −4,1 **e)** [ ] + [ ] = −11 **f)** [ ] − [ ] = +11

g) [ ] − [ ] − (− [ ]) = +12 **h)** [ ] + [ ] + (− [ ]) = −12

3 a) Vervollständige die Multiplikationstabelle.

·	−2	+3	−4	−5	$+\frac{1}{2}$	$-\frac{1}{3}$	−0,1	+0,2
+10	−20	+30	−40	−50	+5	$-\frac{10}{3}$	−1	+2
−12	+24	−36	+48	+60	−6	+4	+1,2	−2,4
+18	−36	+54	−72	−90	+9	−6	−1,8	+3,6
−30	+60	−90	+120	+150	−15	+10	+3	−6
$+\frac{1}{2}$	−1	+1,5	−2	−2,5	$+\frac{1}{4}$	$-\frac{1}{6}$	−0,05	+0,1
$-\frac{1}{4}$	$+\frac{1}{2}$	$-\frac{3}{4}$	+1	$+\frac{5}{4}$	$-\frac{1}{8}$	$+\frac{1}{12}$	$\frac{1}{40}$	$-\frac{1}{20}$
+0,5	−1	+1,5	−2	−2,5	$+\frac{1}{4}$	$-\frac{1}{6}$	$-\frac{1}{20}$	$+\frac{1}{10}$
−0,5	+1	−1,5	+2	+2,5	$-\frac{1}{4}$	$+\frac{1}{6}$	$+\frac{1}{20}$	$-\frac{1}{10}$

b) Unterstreiche die kleinsten Faktoren und das kleinste Produkt mit Rot und die größten jeweils mit Blau. Mit welchen Faktoren ergibt sich das kleinste Produkt?

Kleinstes Produkt = größter Faktor (Spalte) mal kleinster Faktor (Zeile)

oder größter Faktor (Zeile) mal kleinster Faktor (Spalte) (nur bei unterschiedlichen Vorzeichen!)

4

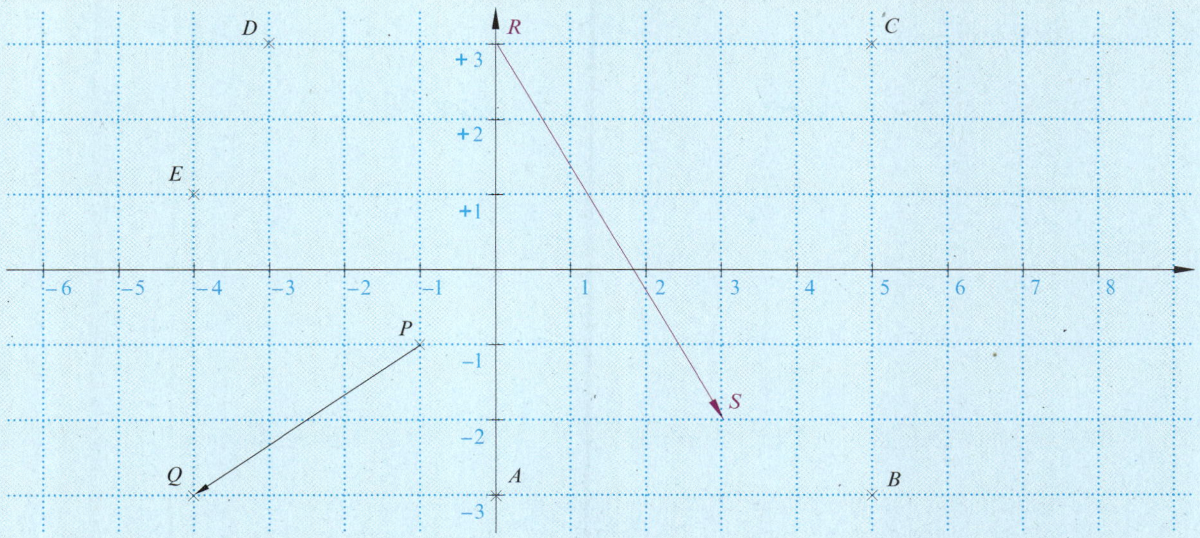

a) Trage in die Tabelle zunächst die Koordinaten der Punkte A, B, C, D und E ein.
b) In der Tabelle sind drei Abbildungen angegeben. Berechne jeweils die Koordinaten der fünf Bildpunkte und trage sie ein.
c) Welche Abbildung führt zu den Bildpunkten unten in der Tabelle? Zeichne ins Koordinatensystem die Spiegelachse oder einen Verschiebungspfeil ein. Berechne die fehlenden Bildpunkte.

Koordinaten …	*A*	*B*	*C*	*D*	*E*
… der Punkte A, B, C, D und E	(0 | −3)	(5 | −3)	(5 | +3)	(−3 | 3)	(−4 | 1)
… nach Verschiebung um den Pfeil PQ	(−3 | −5)	(2 | −5)	(2 | 1)	(−6 | 1)	(−7 | −1)
… nach Spiegelung an der x-Achse	(0 | 3)	(5 | 3)	(5 | −3)	(−3 | −3)	(−4 | −1)
… nach Spiegelung an der Geraden BC	(10 | −3)	(5 | −3)	(5 | 3)	(13 | 3)	(14 | 1)
… nach Verschiebung um $\overline{RS}$	(3 | −8)	(8 | −8)	(8 | −2)	(0 | −2)	(−1 | −4)

5 Gesucht werden drei Wege vom Start zum Ziel. Sie werden in Rot, Blau und Grün eingezeichnet. Jeder der Wege führt von einem Kästchen in ein benachbartes Kästchen (von der + 12 also zu − 24 oder − 32). Kein Kästchen darf mehrmals durchlaufen werden.
a) Der blaue Weg liefert am Ziel eine Summe mit einem möglichst kleinen absoluten Betrag. Tipp: Bei diesem Weg wechselt das Zwischenergebnis bei jedem Schritt das Vorzeichen.
b) Beim roten Weg soll am Ziel die Summe der Zahlen möglichst klein sein.
c)* Der grüne Weg hat´s in sich: Die Summe seiner Zahlen ist exakt − 30.

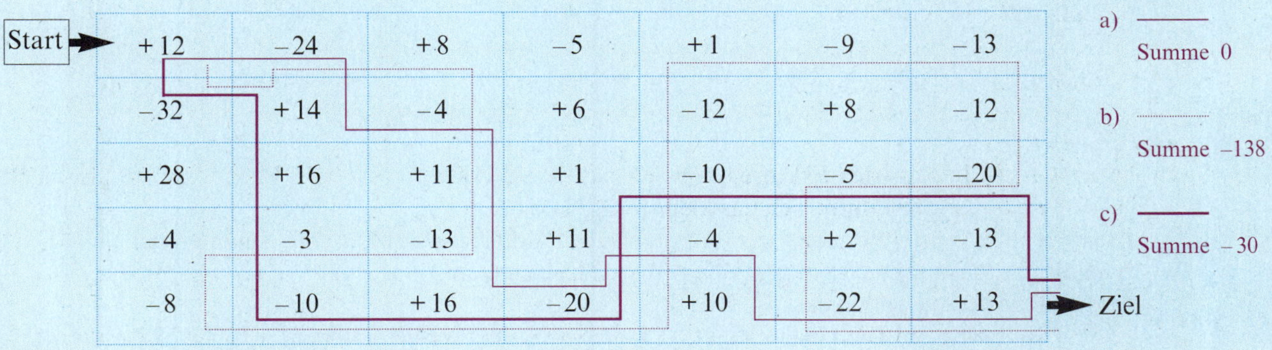

1 Berechne zu einer gegebenen Zahl a deren entgegengesetzte Zahl $-a$, den Betrag der Zahl $|a|$ und das Reziproke $\frac{1}{a}$.

Zahl a	8	$\frac{2}{5}$	$-1{,}25$	$-\frac{5}{3}$	0,04	-1	3,2	$-0{,}9$
$-a$	-8	$-\frac{2}{5}$	1,25	$\frac{5}{3}$	$-0{,}04$	1	$-3{,}2$	0,9
$\lvert a\rvert$	8	$\frac{2}{5}$	1,25	$\frac{5}{3}$	0,04	1	3,2	0,9
$\frac{1}{a}$	$\frac{1}{8}$	2,5	$-0{,}8$	$-\frac{3}{5}$	25	-1	0,3125	$-1{,}\overline{1}$

2 Berechne den Term $8 - 6 \cdot 2$. Ergebnis: -4 Ich rechne zuerst: $6 \cdot 2$

Wie rechnet dein Taschenrechner? Kennt er die Regel „Punkt- vor Strichrechnung“?
Gib folgende Tastenkombination ein. Pass genau auf, was der Taschenrechner zuerst berechnet.

8 [−] 6 [×] 2 [=] Ergebnis: .... Mein Taschenrechner rechnet zuerst: ....

Wenn dein Taschenrechner das richtige Ergebnis erhält, so gibt er der „Punktrechnung“ automatisch Vorrang vor der „Strichrechnung“, er hat eine Vorrangautomatik.

Mein Taschenrechner hat eine Vorrangautomatik: ☐ ja ☐ nein (Kreuze an.)

3 Die Berechnung eines Terms mit dem Taschenrechner ist mit unterschiedlichen Tastenfolgen möglich.
Jedes Kästchen steht für einen Tastendruck.
Welcher Term wird durch die erste Kombination berechnet?
Vervollständige die drei anderen Tastenkombinationen zur Berechnung des gleichen Terms.

[8] [×] [(] [5] [±] [+] [7] [)] [=] 16 Term: $8 \cdot (-5 + 7)$

[5] [±] [+] [7] [=] [×] [8] [=] 16

[7] [−] [5] [=] [×] [8] [=] 16

[(] [7] [−] [5] [)] [×] [8] [=] 16

4 Berechne mithilfe des Taschenrechners.

a) $(24{,}4 + 36{,}2) : 1{,}6 =$ 37,875

b) $(24{,}4 - 36{,}2) : 1{,}6 =$ $-7{,}375$

c) $(24{,}4 + 36{,}2) : (-1{,}6) =$ $-37{,}875$

d) $(24{,}4 - 36{,}2) : (-1{,}6) =$ 7,375

e) $(-32{,}8 : 0{,}4) - (9{,}1 \cdot 0{,}68) =$ $-88{,}188$

f) $(88 : (0{,}4 - 9{,}2)) \cdot 0{,}68 =$ $-6{,}8$

g) $((120 : 10) : 1{,}2) : 0{,}1 =$ 100

h) $-3 \cdot (9{,}9 + 2{,}3 \cdot 1{,}4 - 11) =$ $-6{,}36$

i) $\frac{14{,}2 - 11 \cdot (-3{,}7)}{14{,}2 - (11 \cdot (-3{,}7))} =$ 1

j) $\frac{(11{,}7 - 21) \cdot (-9{,}3)}{117 - (-0{,}5 \cdot 630{,}9)} =$ 0,2

Die folgenden Wörter bestehen aus Buchstaben der Aufgabennummern. Die Summen der zugehörigen Lösungen sind angegeben, z. B.: ja: Lösung von j) + Lösung von a) = 38,075.
Kontrolliere deine Ergebnisse.
ja: 38,075; Fach: –13,16; Gabe: 42,312; Jade: –42,738; Heide: –174,361; Ei: 87,188

5 Löse das Zahlenrätsel.

		−3						−2				
		·						+				
18	:	4,5	=	4	=	−48	:	−12	=	12	:	3
		=						=				
		−13,5	+	$-\frac{1}{4}$	−	$\frac{1}{4}$	=	−14				

6 Vervollständige die folgende Tabelle. Gib wie im Beispiel zunächst eine Tastenfolge mit Benutzung der Klammertasten an und schreibe dann eine andere Tastenkombination ohne Klammern auf.

	Term	Tastenfolgen zur Berechnung des Termwerts	Überschlag, Ergebnis
a)	(17,4 − 5,9) · (−4,1)	[(] 17,4 [−] 5,9 [)] [×] 4,1 [±] [=]	Ü: ≈ 11 · (−4) = −44
		17,4 [−] 5,9 [=] [×] 4,1 [±] [=]	E: −47,15
b)	17,4 − 5,9 · (−4,1)	17,4 [−] [(] 5,9 [×] 4,1 [±] [)] [=]	Ü: 41
		5,9 [×] 4,1 [±] [=] [±] [+] 17,4 [=]	E: 41,59
c)	$-\frac{4}{7}$ · (12,1 − 8,9)	4 [÷] 7 [±] [×] [(] 12,1 [−] 8,9 [)] [=]	Ü: −2
		12,1 [−] 8,9 [=] [×] 4 [÷] 7 [=] [±]	E: −1,83
d)	−9,6 : (14,8 + 5,6)	9,6 [±] [÷] [(] 14,8 [+] 5,6 [)] [=]	Ü: −0,5
		14,8 [+] 5,6 [=] [M_{in}] 9,6 [±] [÷] [MR] [=]	E: −0,47
e)	$\frac{1,5}{5-9,3}\cdot 3$	1,5 [÷] [(] 5 [−] 9,3 [)] [×] 3 [=]	Ü: −1
		5 [−] 9,3 [=] [1/x] [×] 1,5 [×] 3 [=]	E: −1,05
f)	(7,8 · 2 − 50,84) : 20	[(] 7,8 [×] 2 [−] 50,84 [)] [÷] 20 [=]	Ü: −1,75
		7,8 [×] 2 [−] 50,84 [=] [÷] 20 [=]	E: −1,76

7 Nutze die Speicherfunktion deines Taschenrechners, um folgende Aufgaben möglichst geschickt zu lösen. Notiere die Ergebnisse in der letzten Zeile. Runde bei a) sinnvoll.

a) Berechne jeweils 36,3 % von folgenden Beträgen:
12 €; 13,4 €; 134 €; 0,65 €.

Tastenfolge: 0,363 [M_{in}] [×] 12 [=] [MR] [×] 13,4 [=] [×] 134 [=] [MR] [×] 0,65 [=]

Ergebnisse: 4,36 € 4,86 € 48,64 € 0,24 €

b) Bilde die Summe folgender Terme:
2 · 14,5 −13,7 −(1,2 + 4,3) 9 : (5 − 1)

Tastenfolge: 14,5 [×] 2 [=] [M_{in}] 13,7 [±] [M+] 1,2 [+] 4,3 [=] [±] [M+] 9 [:] 4 [=] [M+] [MR]

Ergebnis: 12,05

1 Ein Internetanbieter berechnet seinen Kunden einen Preis von 1,17 ct pro Minute und verlangt keine Grundgebühr.
Berechne die Preise für verschiedene Nutzungszeiten. Runde sinnvoll.

Zeit im Internet:	2 Min	10 Min	15 Min	25 Min	1 Std.	2 Std.	$2\frac{1}{2}$ Std.	$3\frac{1}{4}$ Std.
Preis:	2 ct	12 ct	18 ct	29 ct	70 ct	140 ct	176 ct	228 ct

2 Temperaturen werden in Deutschland üblicherweise in °C (Grad Celsius) angegeben, in Großbritannien und den USA benutzt man jedoch die Einheit °F (Fahrenheit).
Mit einer Formel kann man aber schnell die Einheiten ineinander umrechnen. Dabei bedeutet T_C die Temperatur in °C und T_F die Temperatur in °F.

$$T_C = (T_F - 32) \cdot \frac{5}{9}$$

$$T_F = \frac{9}{5} T_C + 32$$

Beispiel: Wie viel °C sind 114 °F ?

$$T_C = (114 - 32) \cdot \frac{5}{9} = \frac{410}{9} \approx 46\ °C.$$

a) In der Karte sind an verschiedenen Orten Temperaturen angegeben.
Rechne sie jeweils in die andere Temperatureinheit um.
Nummeriere die Orte: der wärmste Ort ist Nr. 1, der zweitwärmste Nr. 2 , usw.
b) Färbe alle Orte mit Temperaturen unter dem Gefrierpunkt blau ein, die anderen rot.

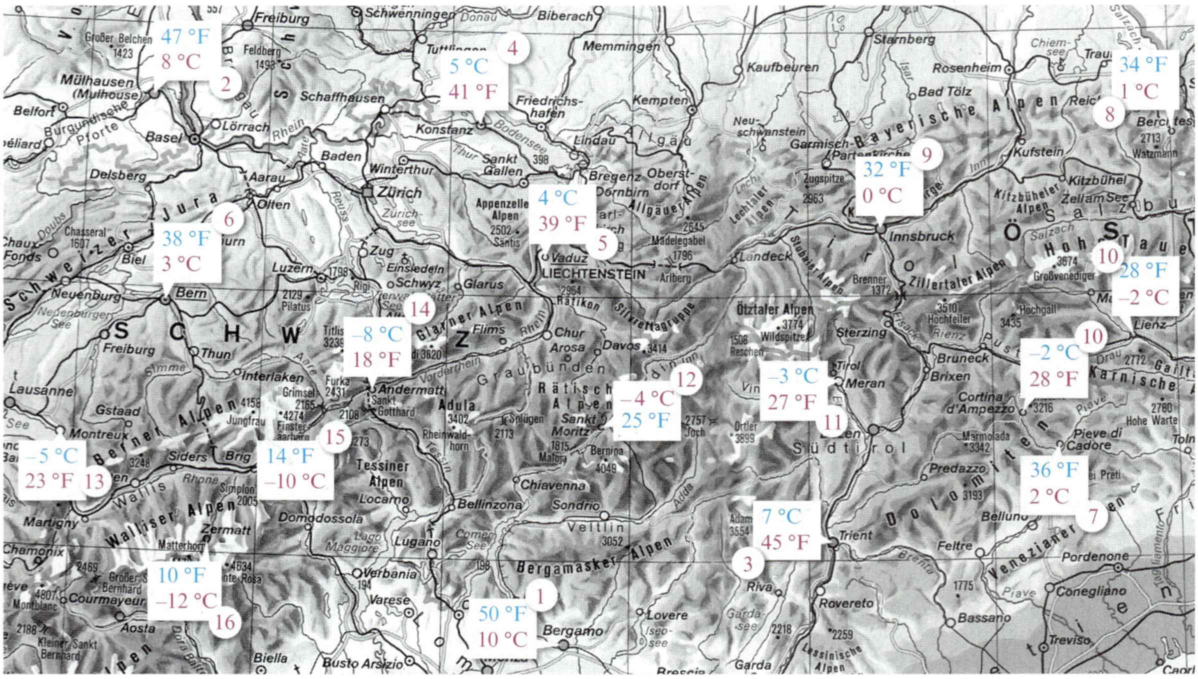

3 **a)** Berechne. Runde dabei zunächst nach jedem Schritt auf zwei Stellen nach dem Komma. Rechne mit dem gerundeten Wert weiter. Trage die Zwischenergebnisse in der ersten Zeile ein.
b) Rechne nochmals. Trage diesmal zwar die Zwischenergebnisse auf zwei Stellen nach dem Komma gerundet ein, rechne aber mit dem genaueren Taschenrechnerwert weiter.
Welchen Weg hältst du für sinnvoller?

	30 : 23	· 56	: 100	+ 15,8	: 1 200	· 1 000
a):	= 1,30	= 72,80	= 0,73	= 16,53	= 0,01	= 10
b):	= 1,30	= 73,04	= 0,73	= 16,53	= 0,01	= 13,78

4 Am 01.02.2001 kauft Frau Börsel für 2900 € Aktien des Unternehmens eTechNet. Wie du am Diagramm erkennen kannst, schwankt der Wert der Aktie.

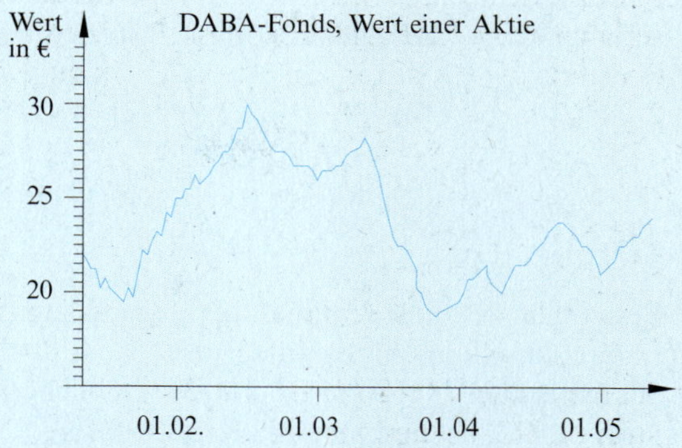

a) Wie viel kostete eine Aktie zum Kaufzeitpunkt?

Eine Aktie kostete 25 €.

b) Wie viele Aktien hat Frau Börsel gekauft?

2900 : 25 = 116; Sie hat 116 Aktien gekauft.

c) Berechne zu den in der Tabelle angegebenen Zeitpunkten den Gesamtwert der Aktien und Frau Börsels Gewinn, wenn sie die Aktien dann verkauft hätte.
Zeichne dazu in die Abbildung Hilfslinien ein, mit denen du die Aktienwerte besser ablesen kannst.

	01.02.	01.03.	01.04.	01.05.	tiefster Aktienstand	höchster Aktienstand
Gesamtwert der Aktien in €	2900	3132	2204	2552	2088	3480
Gewinn in €	0	+232	−696	−348	−812	+580

d)* Herr Kohle ärgert sich. Er hat mit seinen 100 Aktien insgesamt 300 € Verlust gemacht.
Wann könnte er sie gekauft und verkauft haben? Markiere mögliche Zeitpunkte rot im Diagramm.

5

KONTOAUSZUG — Alter Kontostand in €: 2.230,74 + — Gegenwert in DM: 4.362,95 +
Neuer Kontostand in €: 423,59 + — Gegenwert in DM: 828,47 +

Miete	01.03.02	DM 1.178,39 –	€ 602,50 –	€ 1.628,24 –
Kartenzahlung	04.03.02	DM 287,29 –	€ 146,89 –	€ 1.481,35 +
Reise	05.03.02	DM 6.336,89 –	€ 3.240,00 –	€ 1.758,65 –
Lohn/Gehalt	15.03.02	DM 4.119,33 +	€ 2.106,18 +	€ 347,53 +
Barauszahlung	19.03.02	DM 586,75 –	€ 300,00 –	€ 47,53 +
Dividende	24.03.02	DM 747,46 +	€ 382,17 +	€ 429,70 +
Zinsen für März	31.03.02	DM 11,95 –	€ 6,11 –	€ 423,59 +

Herr Grebe wundert sich über die gezahlten Zinsen auf seinem Kontoauszug, denn sowohl der alte als auch der neue Kontostand weisen Guthaben auf.

a) Prüfe nach, woher die Zinsen stammen.
Trage dazu in die freien Felder im Kontoauszug die Zwischenstände des Guthabens ein.

b) An wie vielen Tagen hatte Herr Grebe Schulden? Wie hoch waren sie?

10 Tage lang Schulden in Höhe von −1758,65 €.

c)* Berechne den Jahreszinssatz, den Herr Grebe für Kontoüberziehungen zahlen muss.
Die Banken nehmen als Grundlage zur Zinsberechnung 360 Tage pro Jahr.

10 Tage × 36 = 1 Jahr, also: Jahreszinsen: 6,11 × 36 = 219,96 €. 219,96 : 1 758,65 = 12,5 %

1 Unterstreiche die Ausdrücke, die keine Terme sind.
Ergänze sie, wenn möglich, sodass Terme entstehen.

a) $x - 4 + y$ **b)** $13 \cdot (x - 5)$ **c)** $4 - d = 7 +$ **d)** $\frac{a}{2} + 3$ **e)** $x + 15$

f) $4 \cdot 23 - 18$ **g)** $x : 4 + y$ **h)** $x : (4 + y)$ **i)** $x : 4 + y =$ **j)** 52

2 Beschreibe den Flächeninhalt der abgebildeten Figuren durch jeweils einen Term.
Schreibe dazu
- für den Flächeninhalt eines Kreises ein K,
- für den Flächeninhalt eines Rechtecks ein R,
- für den Flächeninhalt eines Quadrates ein Q und
- für den Flächeninhalt eines Dreiecks ein D.

Weiße Teile zählen als „herausgeschnitten“, sie sind sozusagen Löcher.

Beispiel:

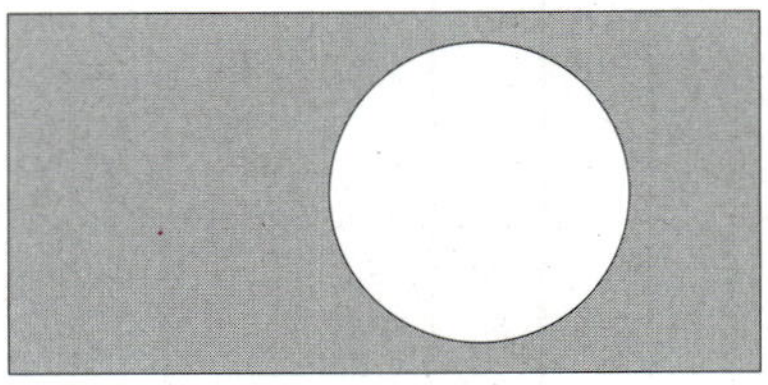

Für diese Figur schreibst du: $R - K$

a)

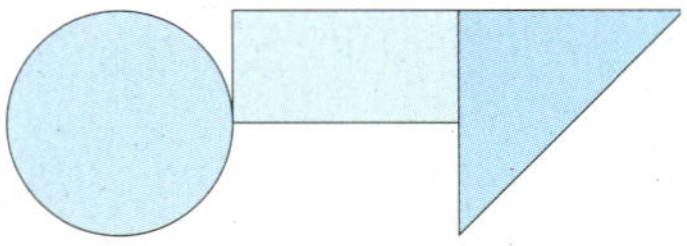

$K + R + D$

b)

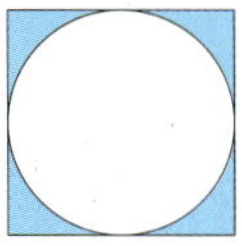

$Q - K$

c)

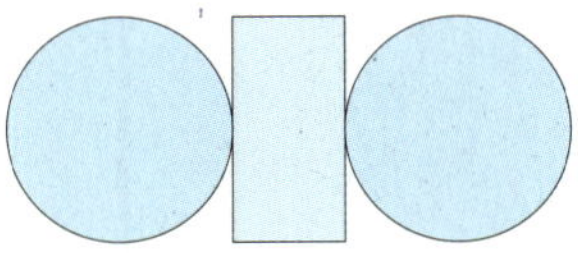

$2\,K + R$

d)

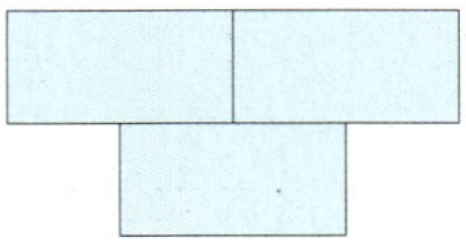

$3\,R$

e)

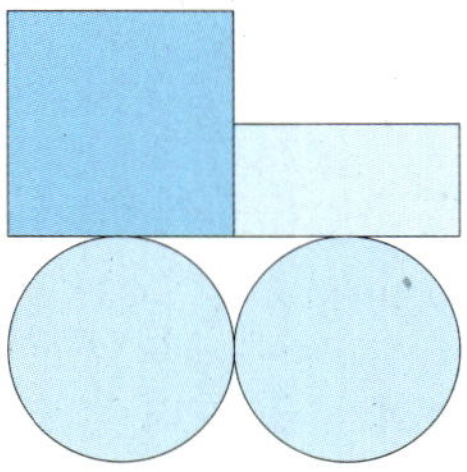

$Q + R + 2\,K$

f)*

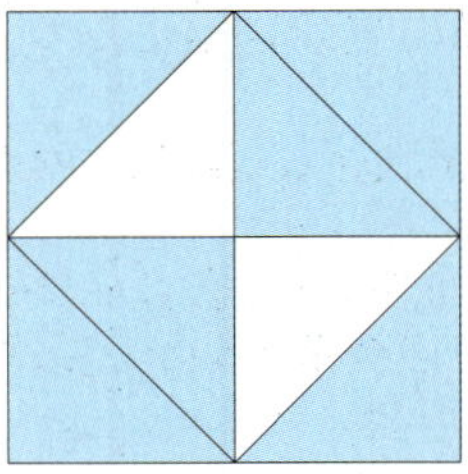

$6\,D$

3 Für die Figur aus Aufgabe 2 f) lassen sich verschiedene Terme angeben.
Gib so viele Terme wie möglich an.

$4\,Q - 2\,D$; $Q - D + Q - D + 4\,D$; $2\,Q + 2\,D$; $2\,(D + D + D)$; $2\,(Q + D)$; …

4 „Übersetze“ die angegebenen Terme in eine Zeichnung wie in Aufgabe 2.

a) $2\,R + 3\,K$

Beispiel:

b) $K + 2Q - 2\,D$

c) $D + Q - K$

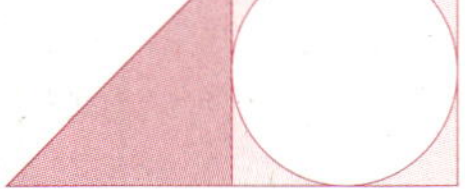

5 Warum ist bei der hier gegebenen Figur eine „Übersetzung“ in einen Term wie in den Aufgaben 2 und 3 nicht so einfach möglich?
Was wird dabei nicht berücksichtigt?

Die Rechtecke sind nicht gleich groß.

6 Gegeben sind drei Strecken mit den Längen $a = 2$ cm, $b = 3$ cm und $c = 4{,}5$ cm.
Stelle folgende Terme dar, indem du die Strecken zeichnest.

a) $a + 2 \cdot b$

b) $a + b + c$

c) $2 \cdot c + a$

7 a) Berechne die Terme.

Term	$x = 2$	$x = -2$	$x = 10$	$x = 2{,}5$
$4 \cdot x$	8	−8	40	10
$x + 7$	9	5	17	9,5
$x - 2$	0	−4	8	0,5
$3 \cdot x + 5$	11	−1	35	12,5

b) Vervollständige die Tabelle.

+	7	y	$a - 4$	$4 \cdot x$
b	$b + 7$	$b + y$	$b + a - 4$	$b + 4x$
9	16	$9 + y$	$a + 5$	$9 + 4x$
$3 \cdot a$	$3a + 7$	$3a + y$	$4a - 4$	$3a + 4x$
$a + 4$	$a + 11$	$a + 4 + y$	$2a$	$a + 4 + 4x$

8 Schreibe zum Satz einen Term.

Beispiel: Auf dem Tisch liegen vier Äpfel und drei Birnen.: → $4a + 3b$

Die Geburtstagstorte wird auf zwölf Gäste aufgeteilt. → $\frac{t}{12}$

Lars hat von acht Spielzeugautos drei weggegeben. → $8a - 3a$

Anja hat viermal so viele Bonbons wie ihr Bruder.
Sie gibt ihm aber drei Stück ab. → $4b - 3$

9 Übersetze die Rechenbäume in Terme.

a)

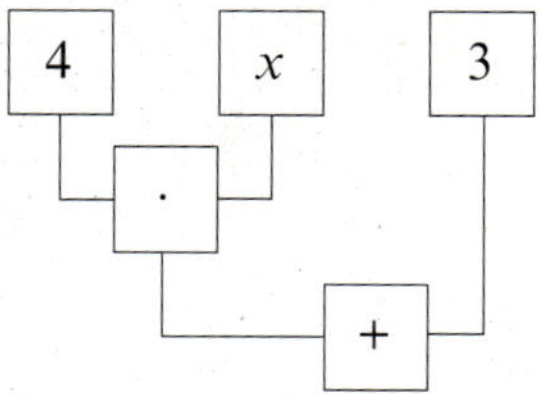

$4x + 3$

b)

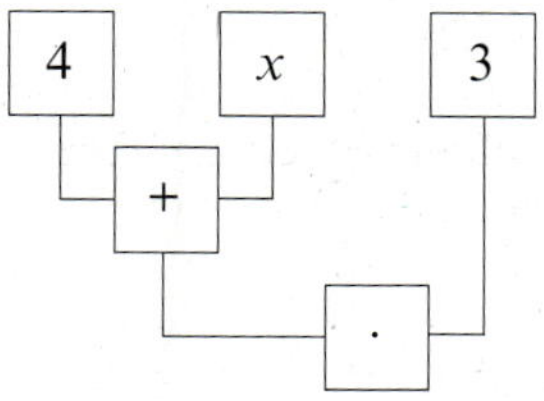

$(4 + x) \cdot 3$

c)

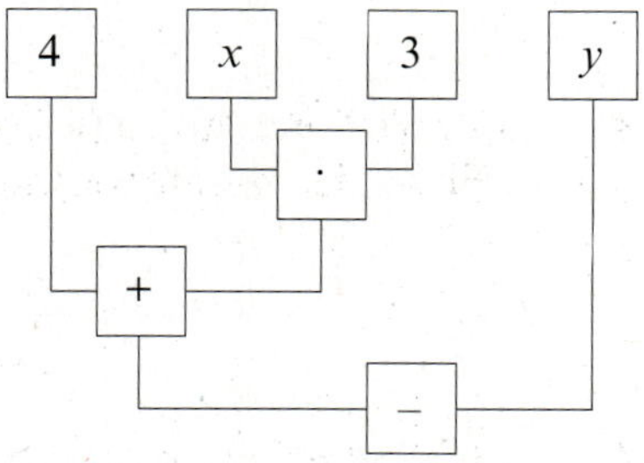

$(4 + 3x) - y$

10 Zeichne zu den Termen jeweils einen passenden Rechenbaum.

a) $5 \cdot a - 7$ **b)** $5 - 7 \cdot a$ **c)** $5 \cdot (a - 7)$ **d)** $(7 - 5) \cdot a$

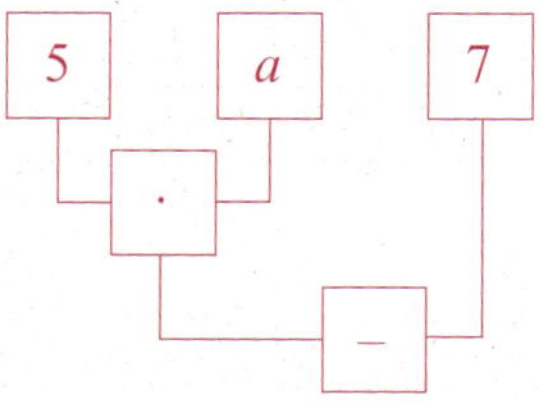

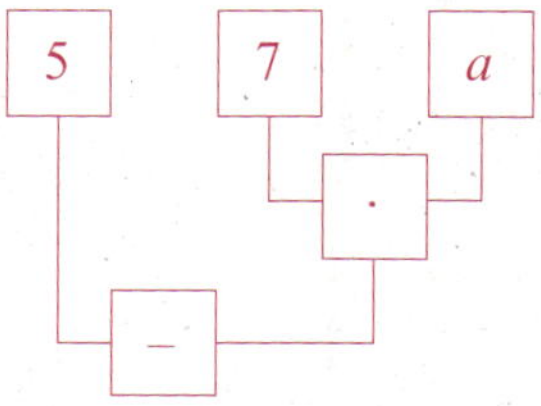

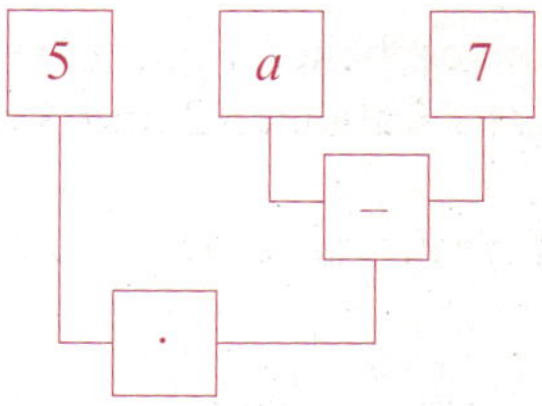

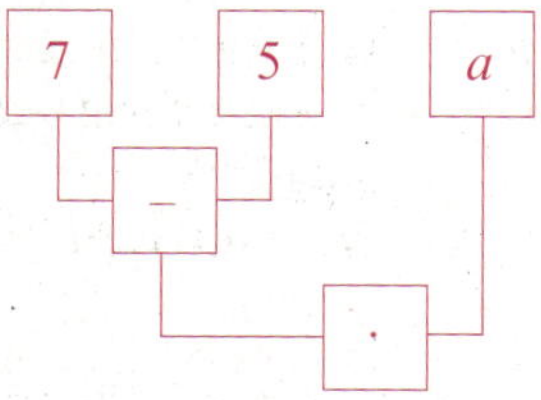

1 Unterstreiche die Gleichungen.

a) $7 + g = 12 + 2g$ **b)** $900 : 20 - s$ **c)** $10 = 4 - 3x$ **d)** $k + 1 - m = 19$

e) $20 : 4 = 6$ **f)** $e \cdot 4 \neq 28$ **g)** $35 < 97$ **h)** $97 - 4x$

2 Löse die Gleichungen ohne äquivalentes Umformen, z.B. durch Überlegen.

a) $y - 7 = 35$ **b)** $100 + x = 220$ **c)** $14 \cdot a = 28$ **d)** $k : 25 = 3$

$y =$ 42 $x =$ 120 $a =$ 2 $k =$ 75

e) $f - 4 = 8$ **f)** $g + 2 = g$ **g)** $x \cdot 5 = 20$ **h)** $30 : d = 5$

$f =$ 12 $g =$ n.l. $x =$ 4 $d =$ 6

3 Formuliere für die gegebenen Zusammenhänge eine Gleichung.

a) Ich denke mir eine Zahl. Addiere ich zu ihr 17, erhalte ich 29. Gleichung: $x + 17 = 29$

b) Subtrahiere ich von einer gedachten Zahl die Zahl 5, bleiben 36 übrig. Gleichung: $x - 5 = 36$

c) Der Umfang u eines Dreiecks wird berechnet aus der Summe der Seiten a, b und c. Gleichung: $u = a + b + c$

d) Der Flächeninhalt A eines Rechtecks wird berechnet aus dem Produkt der Seiten a und b. Gleichung: $A = a \cdot b$

e) Addiere ich zur Hälfte einer Zahl ihr Doppeltes, erhalte ich 25. Gleichung: $\frac{x}{2} + 2x = 25$

4 Stelle für jede Figur zwei verschiedene Gleichungen für ihren Umfang u auf.

a)

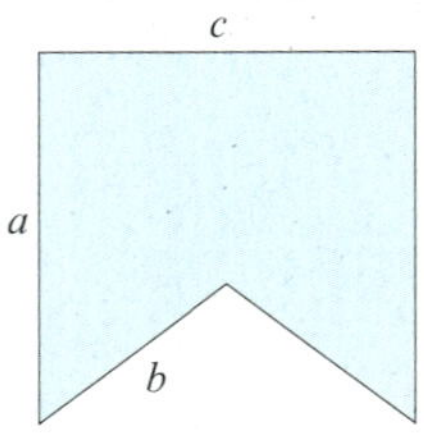

$u =$ $2a + 2b + c$

$u =$ $2(a+b) + c$

b)

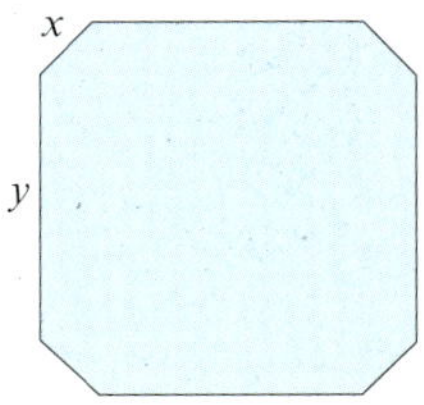

$u =$ $4x + 4y$

$u =$ $4(x + y)$

c)

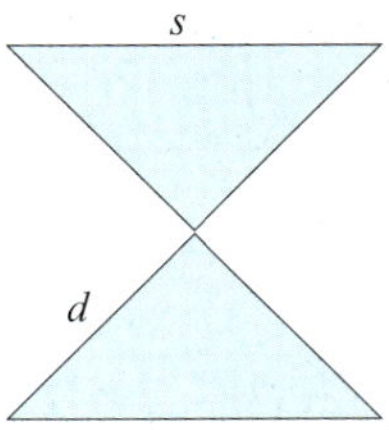

$u =$ $2d + d + d + 2s$

$u =$ $4d + 2s$

d)

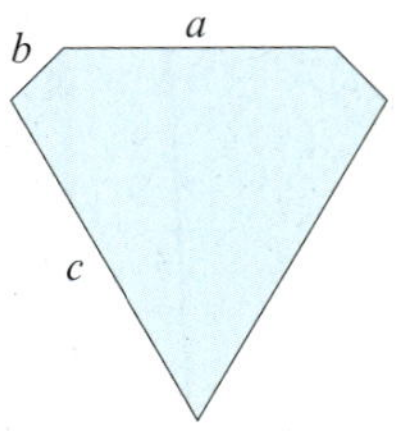

$u =$ $2b + a + c + c$

$u =$ $2(b + c) + a$

5 Bei jeder dieser Umformungen wurden Fehler gemacht. Berichtige die Umformungen. Überprüfe mithilfe der Probe.

a)

$6x + 4 = 34 \quad | -4$
$6x = 30 \quad | : 6$
$x = 180 \quad f$

$6x + 4 = 34 \quad | -4$
-4 ↶ ↷ -4
$6x = 30 \quad | :6$
$:6$ ↶ ↷ $:6$
$x = 5$

b)

$x \cdot 5 - 15 = 65 \quad | : 5$
$x - 15 = 13 \quad | + 15$
$x = 28 \quad f$

$x \cdot 5 - 15 = 65 \quad | +15$
$+15$ ↶ ↷ $+15$
$5x = 80 \quad | :5$
$:5$ ↶ ↷ $:5$
$x = 16$

c)

$8x - 20 = 44 \quad | + 20$
$8x = 24 \quad | : 8$
$x = 3 \quad f$

$8x - 20 = 44 \quad | +20$
$+20$ ↶ ↷ $+20$
$8x = 64 \quad | :8$
$:8$ ↶ ↷ $:8$
$x = 8$

6 Setze aus jeweils zwei der gegebenen Terme eine Gleichung zusammen und löse diese wie im Beispiel.

Term A = Term B	$x-2$	$9-x$	$2x+2$
$3x$	Beispiel: $3x = x-2 \quad \mid -x$ $2x = -2 \quad \mid :2$ $x = -1 \quad L = \{-1\}$	$3x = 9-x \quad \mid +x$ $4x = 9 \quad \mid :4$ $x = \frac{9}{4} \quad L = \{\frac{9}{4}\}$	$3x = 2x+2 \quad \mid -2x$ $x = 2 \quad L = \{2\}$
$x+5$	$x+5 = x-2 \quad \mid -x$ $5 = -2$ $L = \emptyset$	$x+5 = 9-x \quad \mid +x$ $2x+5 = 9 \quad \mid -5$ $2x = 4 \quad \mid :2$ $x = 2 \quad L = \{2\}$	$x+5 = 2x+2 \quad \mid -x$ $5 = x+2 \quad \mid -2$ $3 = x \quad L = \{3\}$
$5x$	$5x = x-2 \quad \mid -x$ $4x = -2 \quad \mid :4$ $x = -\frac{2}{4} = -\frac{1}{2} \quad L = \{-\frac{1}{2}\}$	$5x = 9-x \quad \mid +x$ $6x = 9 \quad \mid :6$ $x = \frac{9}{6} = 1{,}5 \quad L = \{1{,}5\}$	$5x = 2x+2 \quad \mid -2x$ $3x = 2$ $x = \frac{2}{3} \quad L = \{\frac{2}{3}\}$

7 Löse die Gleichungen durch Umformen. Vergiss die Probe nicht!

a) $4x + 12 = 28 \quad \mid -12$
$4x = 16$
$x = 4$

b) $3x - 4 = 0{,}5 \quad \mid +4$
$3x = 4{,}5 \quad \mid :3$
$x = 1{,}5$

c) $2x + 10 = 8 \quad \mid -10$
$2x = -2 \quad \mid :2$
$x = -1$

d) $x - 2 = x \quad \mid -x$
$-2 = 0$
$L = \emptyset$

Schreibe dann die jeweiligen Lösungsmengen für die angegebenen Variablengrundbereiche auf.

	a)	b)	c)	d)
In $\mathbb{N}$:	$L = \{4\}$	$L = \emptyset$	$L = \emptyset$	$L = \emptyset$
In $\mathbb{Z}$:	$L = \{4\}$	$L = \emptyset$	$L = \{-1\}$	$L = \emptyset$
In $\mathbb{Q}^+$:	$L = \{4\}$	$L = \{1{,}5\}$	$L = \emptyset$	$L = \emptyset$
In $\mathbb{Q}$:	$L = \{4\}$	$L = \{1{,}5\}$	$L = \{-1\}$	$L = \emptyset$

8 Ein Rechteck mit den Seiten a und b ist doppelt so lang wie breit und hat einen Umfang von 42 cm. Wie lang sind die Seiten a und b, welchen Flächeninhalt A hat das Rechteck?

$a = 2b$
$u = 6b = 42$ cm
$b = 7$ cm

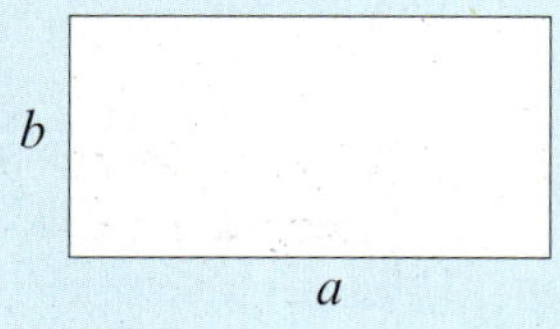

$a =$ 14 cm $\quad b =$ 7 cm $\quad A =$ 98 cm²

9 Stelle eine Gleichung für die Gesamtlänge aller Kanten eines Quaders auf. Bezeichne zuvor die Kanten in einer Skizze.

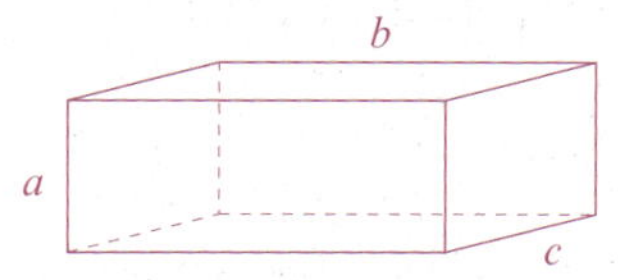

$l_{\text{Kanten}} = 4a + 4b + 4c = 4(a + b + c)$

1 Binde die Luftballons mit den Lösungen an die richtigen Taschen.
Achtung: Mehrere Luftballons bleiben übrig, die Summe der darin enthaltenen Zahlen ist 26.

2 Löse die Ungleichungen durch Überlegen.
Gib die Lösungsmenge zum angegebenen Variablengrundbereich an.
Stelle die Lösungsmenge an der Zahlengeraden farbig dar.

a) $x + 17 < 23$ $x < 6$ in $\mathbb{N}$: $L = \{1; 2; 3; 4; 5\}$

in $\mathbb{N}$:

b) $4a < 14$ $a < 3{,}5$ in $\mathbb{Z}$: $L = \{3; 2; 1; 0; -1; -2; \ldots\}$

in $\mathbb{Z}$:

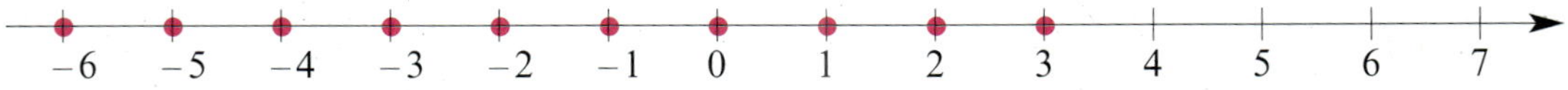

c) $2y + 8 < 8$ $y < 0$ in $\mathbb{Q}$: $L = \{y \in \mathbb{Q}: y < 0\}$

in $\mathbb{Q}$:

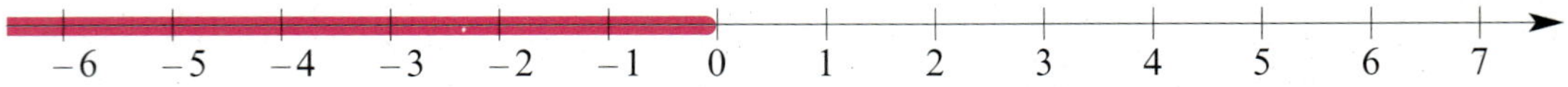

3 Herr Brauer will seinen Garten mit Pflanzen bestücken.
Er hat 100 Euro zur Verfügung. Stelle eine Gleichung auf für den Gesamtpreis seiner Pflanzen.
Wähle geeignete Abkürzungen für die Anzahlen der verschiedenen Pflanzenarten, z. B. *k* für Koniferenzahl.

Preisangebot:	
Konifere:	7,90 €
Apfelbaum:	14,90 €
Forsytie:	5,80 €
Flieder:	9,90 €

Preis = $7{,}9 \cdot k + 14{,}9 \cdot a + 5{,}8 \cdot fo + 9{,}9 \cdot fl$

a) Wie viele Apfelbäume kann Herr Brauer noch kaufen, wenn er sich schon für sieben Koniferen und einen Flieder entschieden hat?

$7{,}9 \cdot 7 + 9{,}9 + 14{,}90 \cdot a < 100$

$65{,}20 + 14{,}9 \cdot a < 100$

$14{,}9 \cdot a < 34{,}80$

Er kann zwei Apfelbäume kaufen.

b) Herr Brauer will eine gleiche Anzahl Forsythien und Koniferen kaufen.
Wie viele Pflanzen bekommt er insgesamt?

$7{,}90 \cdot x + 5{,}80 \cdot x < 100$

$13{,}70 \cdot x < 100$

$100 : 13{,}7 \approx 7{,}3$

Er kann 14 Pflanzen kaufen.

4 Ein Supermarkt hat zu viel Butter bestellt. Damit die Butter trotzdem komplett verkauft wird, gibt es ein Werbeangebot. Der Chef der Werbeabteilung gibt Werbeschilder in Auftrag mit folgende Vorgaben:
Ein Stück Butter kostet 0,99 €.
Ab fünf gekauften Stücken gibt es pro Stück einen Rabatt von 0,15 €.
Ab zehn gekauften Stücken gibt es weitere 20 % Rabatt.

a) Stelle drei Gleichungen auf, mit denen man den Preis P für die gekaufte Anzahl Butterpackungen berechnen kann.

Anzahl	bis 4 Stück:	von 5 bis 9 Stück:	ab 10 Stück:
Gleichung	$P = 0{,}99 \cdot x$	$P = (0{,}99 - 0{,}15) \cdot x$	$P = (0{,}99 - 0{,}15) \cdot \frac{80}{100}\, x$

b) Entwirf ein Werbeplakat mit den Preisen für zwei, vier, sieben, zehn und zwölf Stück Butter.

Rechnungen:

$0{,}99 \cdot 2 = 1{,}98$

$0{,}99 \cdot 4 = 3{,}96$

$0{,}99 - 0{,}15 = 0{,}84$ $0{,}84 \cdot 7 = 5{,}88$

$0{,}84 \cdot 80 = 67{,}2$ $67{,}2 : 100 = 0{,}672$

$0{,}672 \cdot 10 = 6{,}72$

$0{,}672 \cdot 12 = 8{,}06$

zwei Stück	:	1,98 €
vier Stück	:	3,96 €
sieben Stück	:	5,88 €
zehn Stück	:	6,72 €
zwölf Stück	:	8,06 €

5 In einen Swimmingpool der Länge $l = 8$ m, der Breite $b = 4$ m und der Tiefe $h = 1{,}5$ m soll Wasser eingelassen werden. Pro Stunde fließen ca. 3 m³ Wasser ins Becken.

a) Welche Wassermenge passt bei vollständiger Füllung in den Pool?

$V = l \cdot b \cdot h = 8\text{ m} \cdot 4\text{ m} \cdot 1{,}5\text{ m} = 48\text{ m}^3$

b) Berechne die Wasserhöhe bei Füllung mit 32 m³ (40 m³; 44,8 m³) Wasser und zeichne die Höhe in die Abbildung ein.
Vergiss dabei nicht, die zugehörige Uhr am Beckenrand einzustellen.

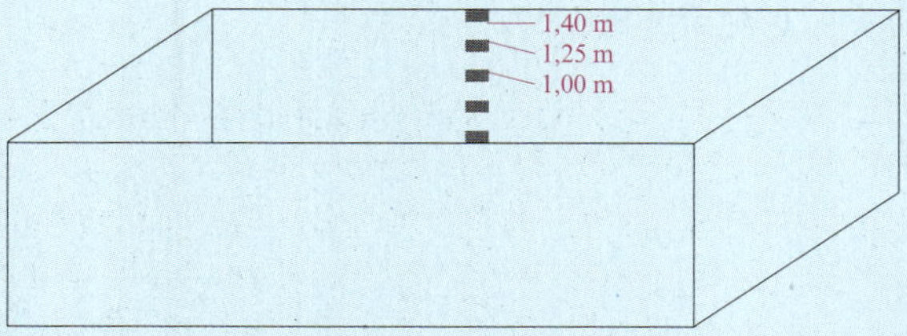

44,8 m³: h = 1,40m | 22.56 Uhr

40 m³: h = 1,25 m | 21.20 Uhr

32 m³: h = 1 m | 18.40 Uhr

0 m³: h = 0 m | 8.00 Uhr

$32 : 8 : 4 = 1$ $32 : 3 = 10{,}\overline{6}$ (10 h, 40 min)

$40 : 32 = 1{,}25$ $40 : 3 = 13{,}\overline{3}$ (13 h, 20 min)

$44{,}8 : 32 = 1{,}4$ $44{,}8 : 3 = 14{,}93$ (14 h, 56 min)

1 Aus welchen Netzen kannst du einen Würfel falten?
Kennzeichne in den Würfelnetzen diejenigen Punkte mit der gleichen Farbe, die zur gleichen Würfelecke gehören.

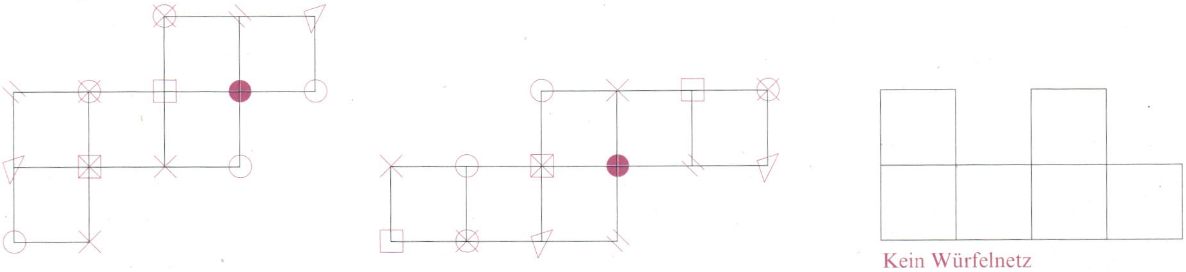

Kein Würfelnetz

2 Ergänze jede Figur auf zwei verschiedene Arten so, dass jeweils Würfelnetze entstehen.
Kennzeichne in den Würfelnetzen diejenigen Strecken mit der gleichen Farbe, die zur gleichen Würfelkante gehören.

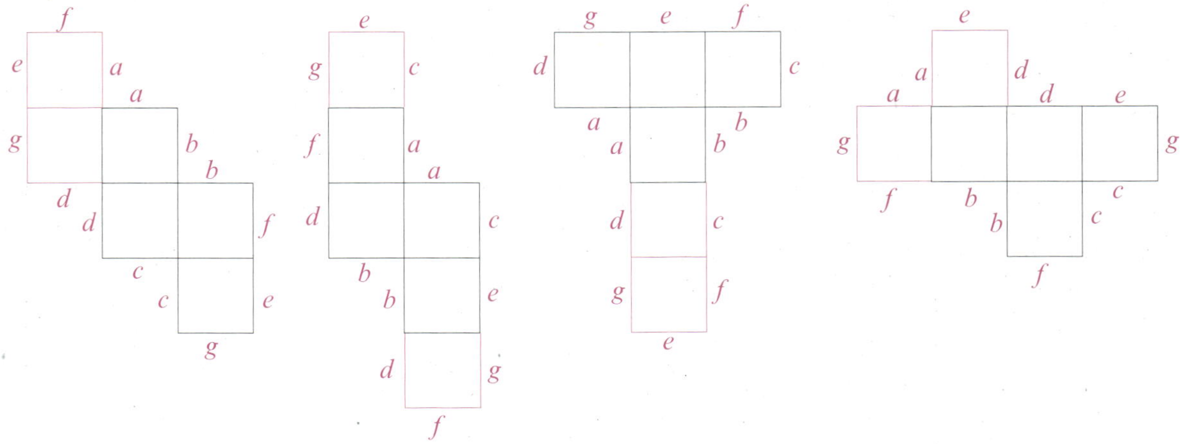

3* Trage die Zahlen 1 bis 6 so in die Schrägbilder der Würfel ein, dass sie zum abgebildeten Netz passen.
Dabei können einige Zahlen auf dem Kopf oder seitlich stehen.

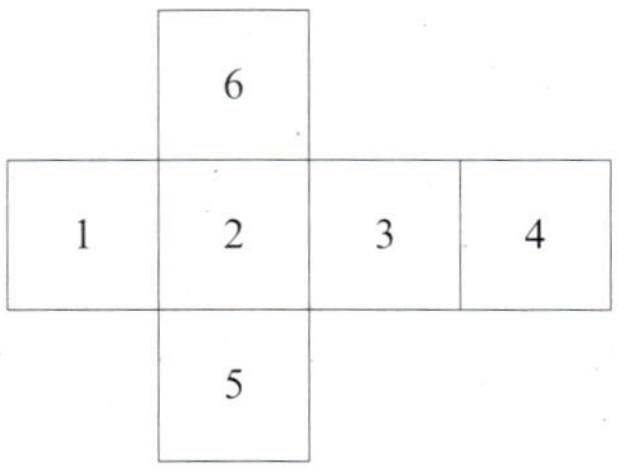

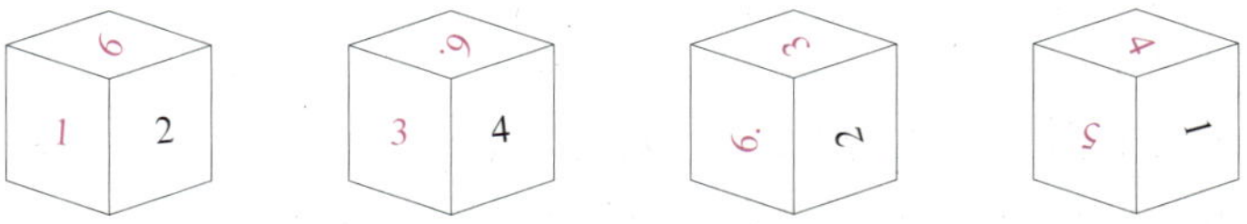

4 Übertrage die im Würfelnetz eingezeichneten Muster jeweils auf zwei verschiedene Arten in die Schrägbilder der Würfel.

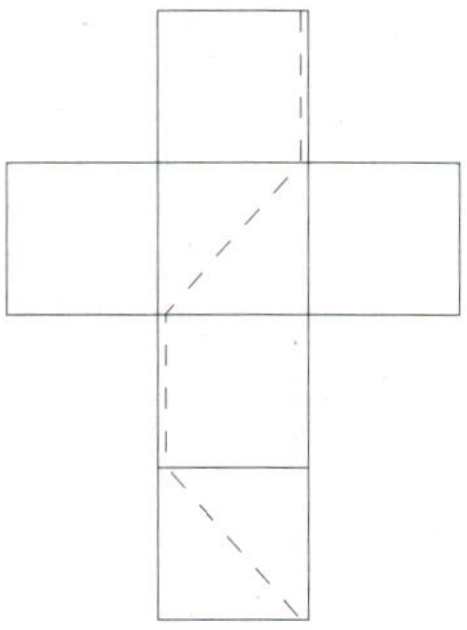

Beispiele:

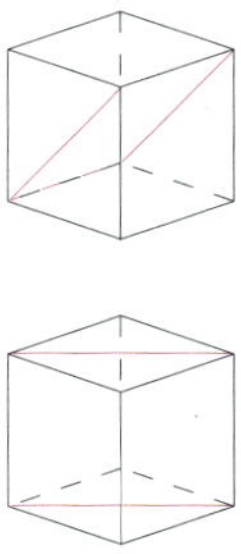

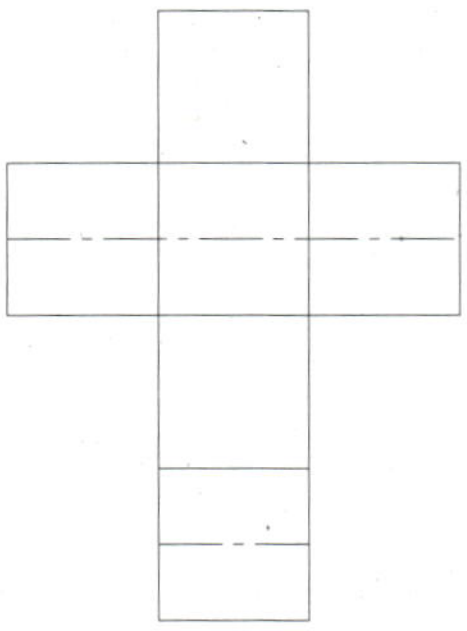

Beispiele:

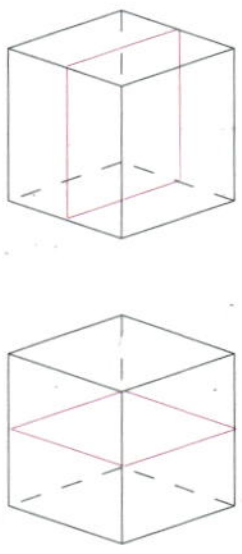

5 Ein Quader wird wie im folgenden Schrägbild dargestellt zerschnitten.
Beschreibe die dabei entstehenden Körper. Übertrage die Schnittlinie in das Netz des Quaders.

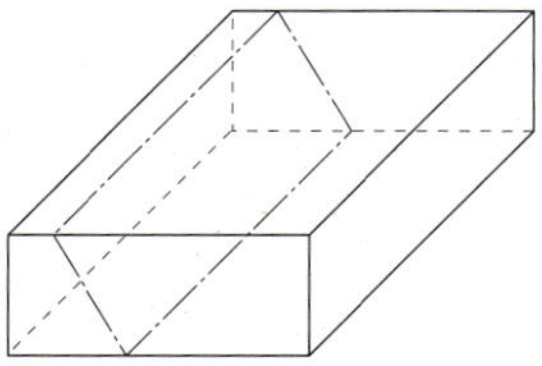

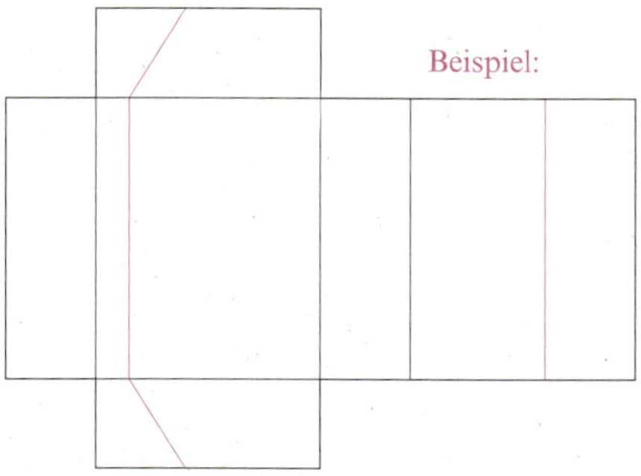

Es entstehen zwei Prismen jeweils mit trapezförmiger Grundfläche.

Auf dieser Seite wurden in eckigen Klammern die Summen der Ziffern der Ergebnisse angegeben.

6 a) Ein Quader ist 8 cm lang, 5 cm breit und 3 cm hoch. Berechne die Flächeninhalte der Begrenzungsflächen des Quaders und den Flächeninhalt seiner Oberfläche.

5 cm · 8 cm = 40 cm²; 5cm · 3cm = 15 cm²; 3 cm · 8 cm = 24 cm²

A_O = 2 · 40 cm² + 2 · 15 cm² + 2 · 24 cm² = 158 cm² [4; 6; 6; 14]

b) Berechne den Oberflächeninhalt und das Volumen eines Quaders mit den Kantenlängen
a = 3 m; b = 15 dm; c = 120 cm.

3 m · 1,5 m + 3 m · 1,2 m + 1,2 m · 1,5 m = 9,9 m² 9,9 m² · 2 = 19,8 m² Die Oberfläche ist 19,8 m² groß.

3 m · 1,2 m · 1,5 m = 5,4 m³ Das Volumen beträgt 5,4 m³. [18; 9]

7* a) Ergänze die Abbildung zu einem Netz eines Quaders mit dem Volumen von 3 750 mm³.

Rechnung: 3 750 : 10 : 25 = 15

Die dritte Kantenlänge ist also 15 mm lang.

b) Der eingezeichnete Pfeil soll nach oben zeigen, wenn der Quader auf seiner Grundfläche steht.
Markiere die Grundfläche und ergänze drei nach oben zeigende Pfeile auf drei weiteren Seitenflächen.

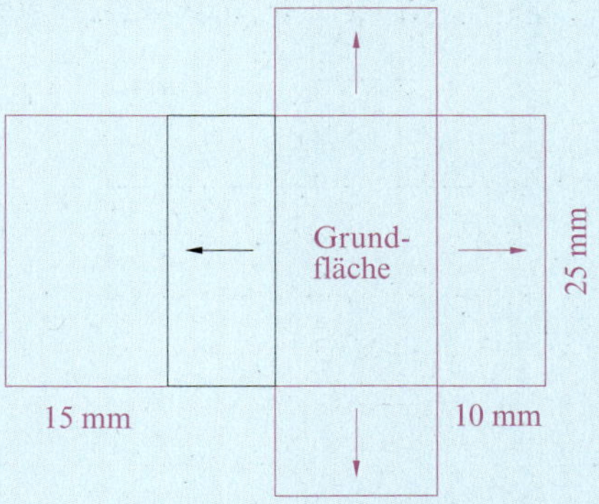

8 a) Zeichne alle gleich langen sichtbaren Körperkanten jeweils in der gleichen Farbe nach.
b) Unterteile den Körper geschickt in mehrere Quader und berechne Volumen und Oberflächeninhalt.

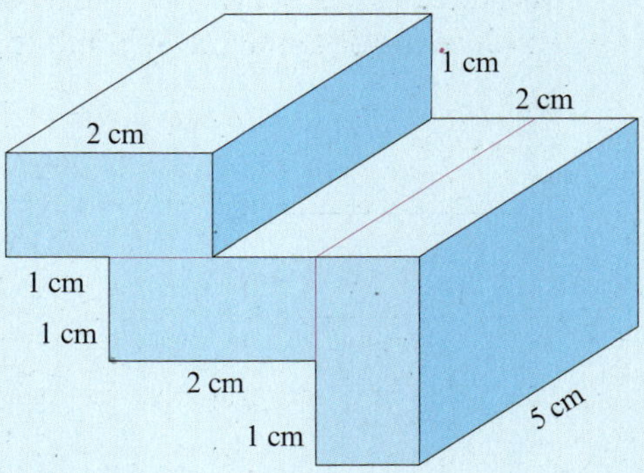

V = 3 · 1 cm · 2 cm · 5 cm = 30 cm³ [3]

A_O: 3 $A_{O\ Quader}$ – 4 $A_{Rechteck}$:

3 · 2 · (1 · 2 + 2 · 5 + 1 · 5) – 4 · 1 · 5 = 82

Der Oberflächeninhalt beträgt also 82 cm². [10]

1 a) Welche der Bilder (1) bis (6) stellen sicher keine Prismen dar? Begründe deine Antwort.

(2) ist kein Prisma, denn es hat keine zwei parallele kongruente Flächen. (6) ist kein Prisma, denn es hat krummlinige Kanten. (4) wird nicht von rechteckigen Mantelflächen begrenzt.

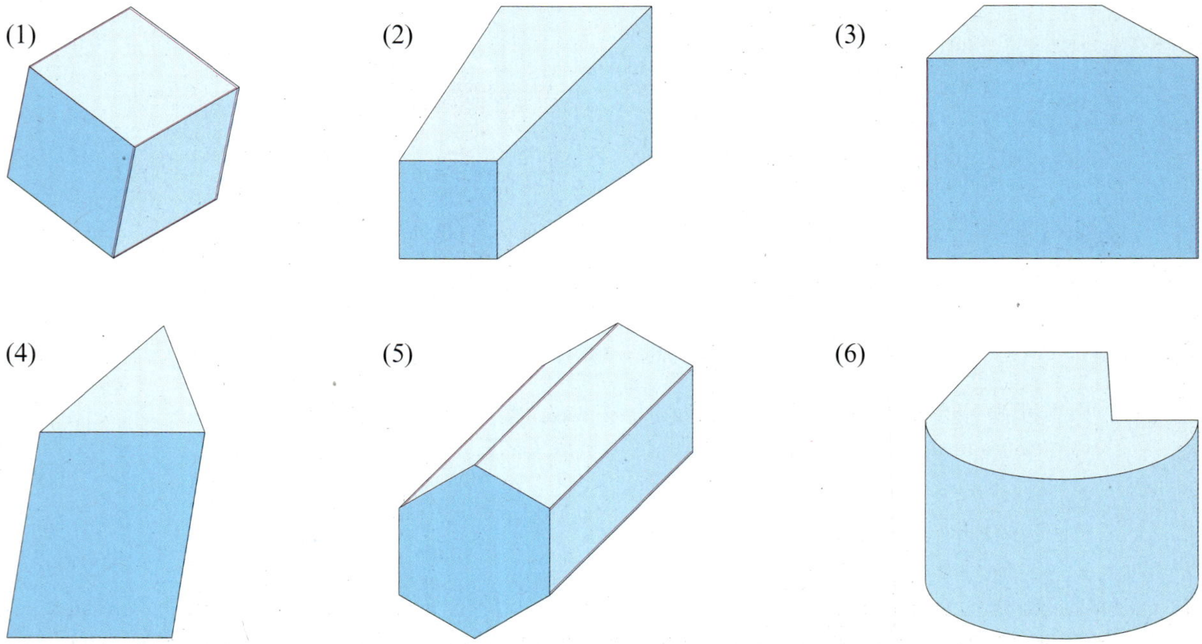

b) Zeichne bei den möglichen Prismen diejenigen Kanten in rot nach, die Höhen des Prismas darstellen könnten.

2* Ergänze die Figuren so, dass Netze von Prismen entstehen.

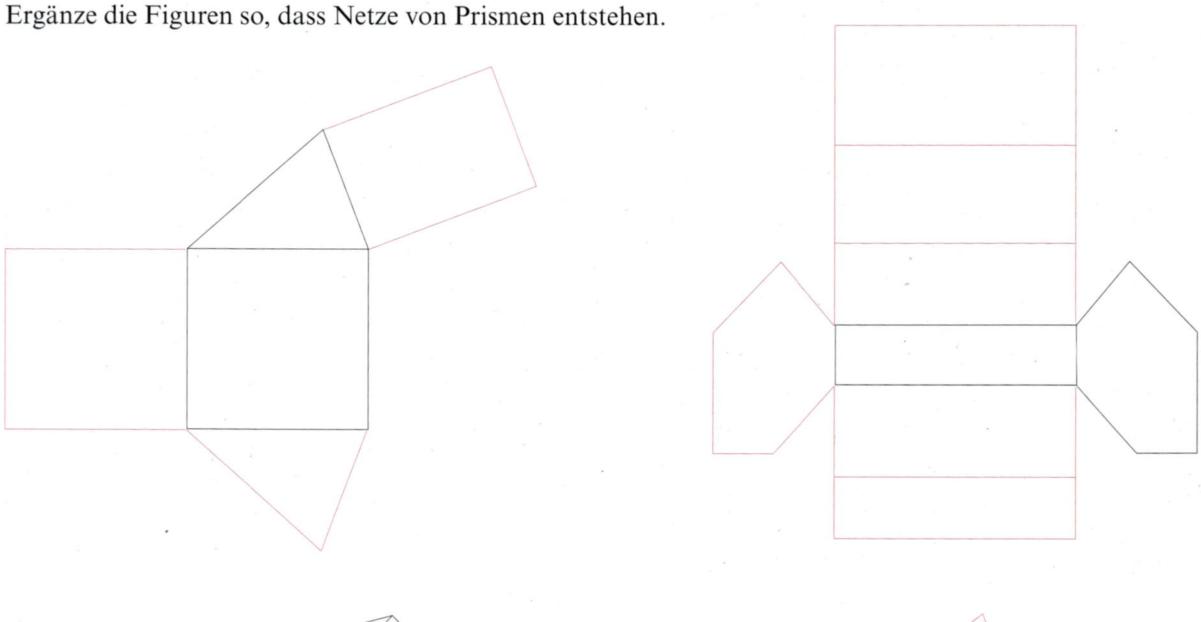

3 Das Schrägbild stellt ein Prisma dar. Ergänze die rechte Figur zu einem Netz des Prismas. Male einander entsprechende Flächen im Schrägbild und im Netz gleichfarbig an.

4 **a)** Skizziere die Prismen, die zu den folgenden Netzen gehören, jeweils in zwei verschiedenen Lagen.
b) Bei Bastelbögen sind an einigen Kanten Klebestreifen angebracht, mit denen man den Körper leicht zusammenkleben kann. Wo würdest du an den Netzen Klebestreifen anbringen, um die Prismen möglichst gut bauen zu können? Zeichne sie ein.
Tipp: Es sind jeweils genau 5 Streifen notwendig.

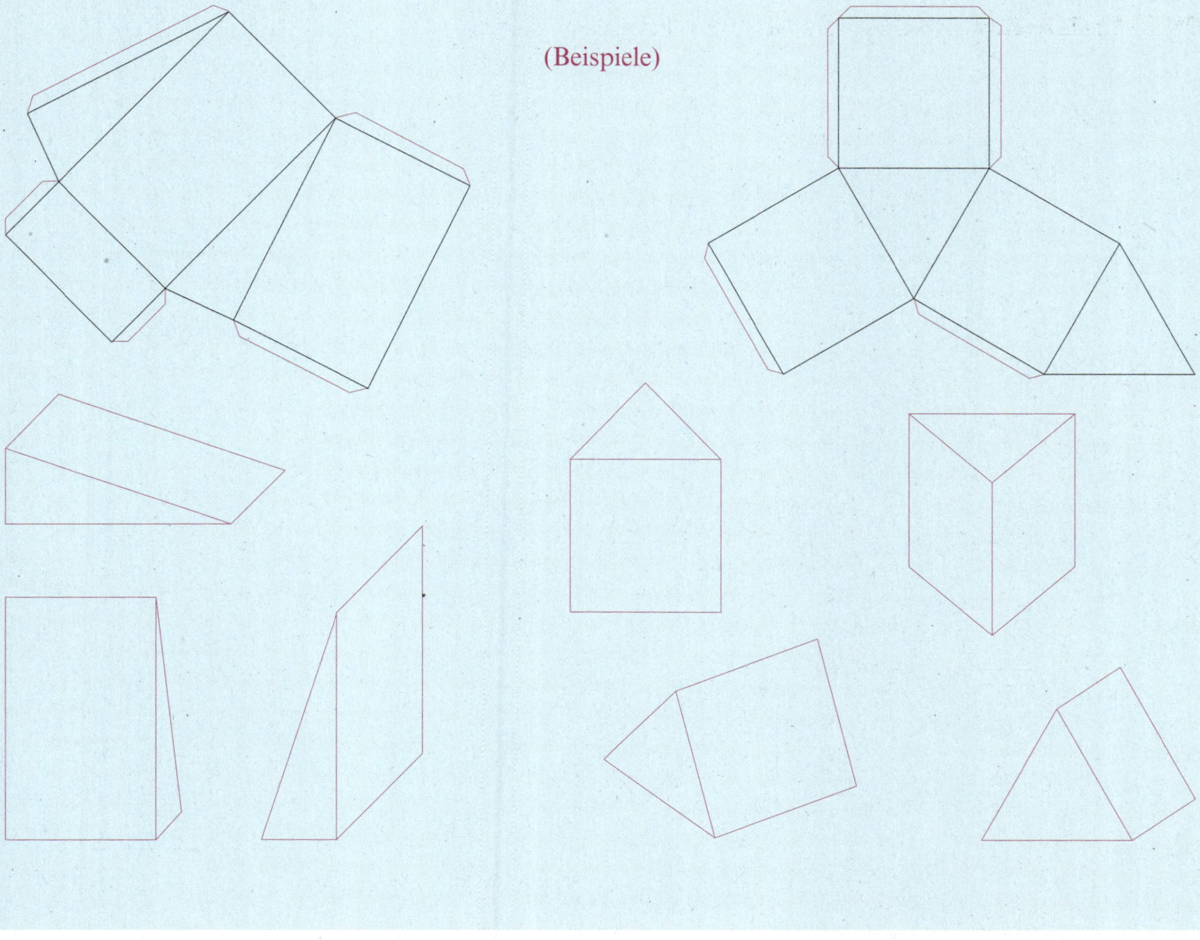

1 Gegeben sei das Schrägbild eines Quaders mit $q = \frac{1}{2}$ und $\alpha = 45°$.
Zeichne je ein Schrägbild des gleichen Quaders mit $q = \frac{1}{3}$ und $\alpha = 60°$ sowie $q = \frac{1}{2}$ und $\alpha = 30°$. Entnimm die benötigten Maße dem gegebenen Schrägbild.

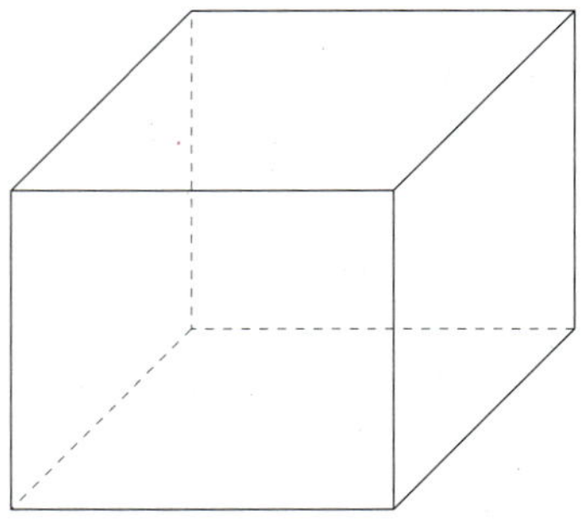

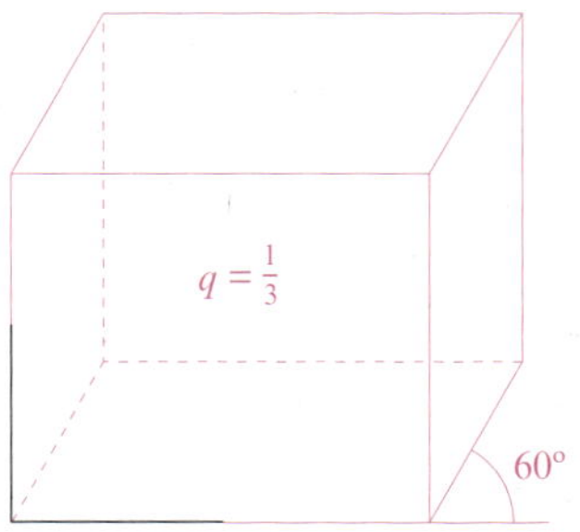

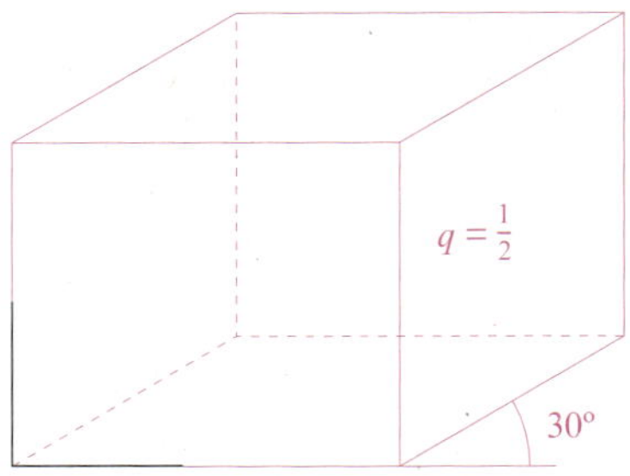

2 Im Gitternetz sind drei Grundflächen von verschiedenen Prismen vorgegeben.
Die Prismen sind alle 4 cm hoch.
Es sollen Schrägbilder dieser Prismen mit $q = \frac{1}{2}$ und $\alpha = 45°$ gezeichnet werden.

Fertige zunächst Skizzen an und zeichne dann die Schrägbilder.
Zeichne die nicht sichtbaren Kanten gestrichelt.

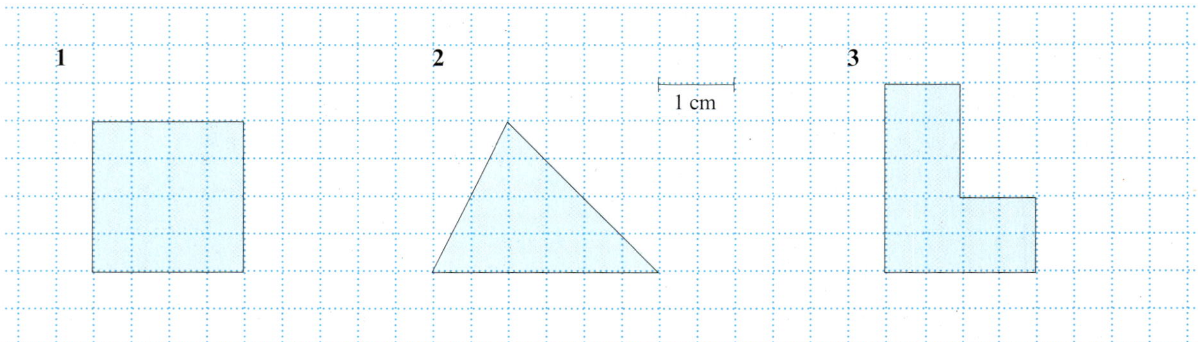

Skizzen: (Beispiele)

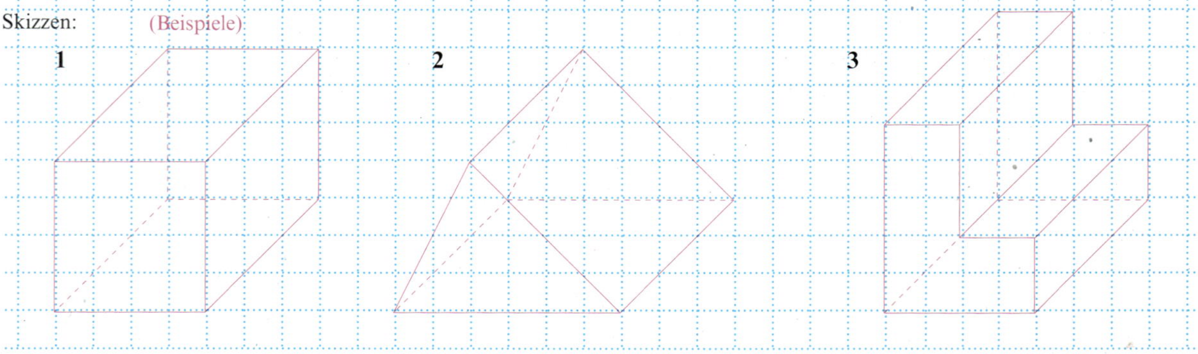

Schrägbilder: (Beispiele)

1

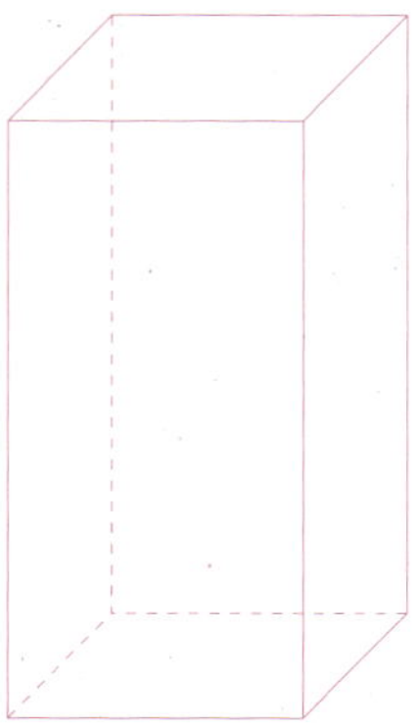

2

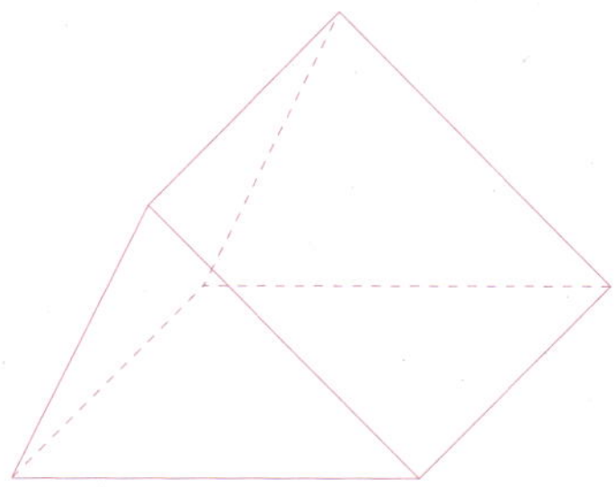

3

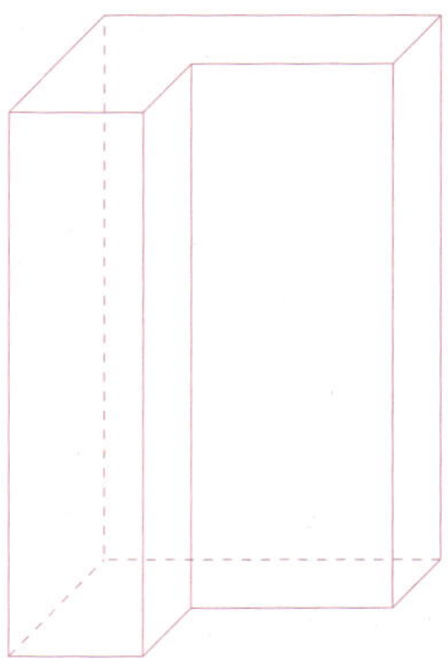

3 Ergänze die Bilder in b) und c) jeweils zum Zweitafelbild eines Prismas.
Zeichne von jedem der drei Prismen ein Schrägbild mit $q = \frac{1}{2}$ und $\alpha = 45°$.
Entnimm die benötigten Größen den Abbildungen.

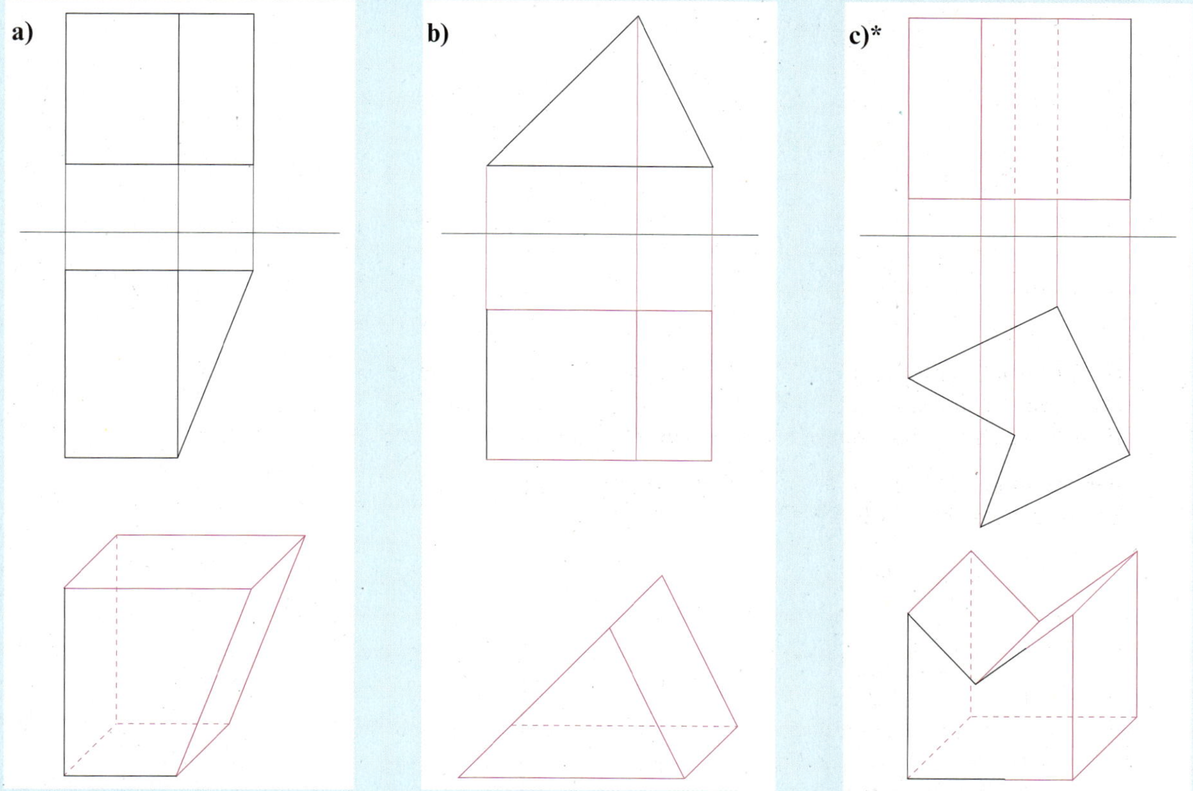

4 Gegeben ist das folgende Netz eines Prismas mit einem regelmäßigen Sechseck als Grundfläche.
Entnimm die benötigten Maße dem Netz.

a) Ergänze das obere Schrägbild mit $q = \frac{1}{2}$ und $\alpha = 45°$
b) Zeichne rechts ein Zweitafelbild.
c)* Ergänze das untere Schrägbild mit $q = \frac{1}{2}$ und $\alpha = 45°$.

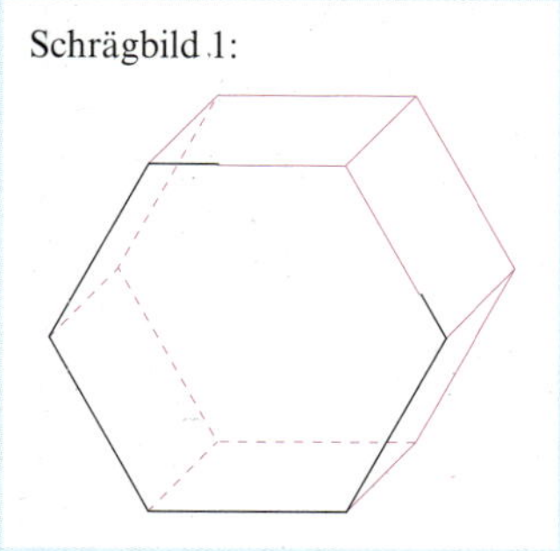

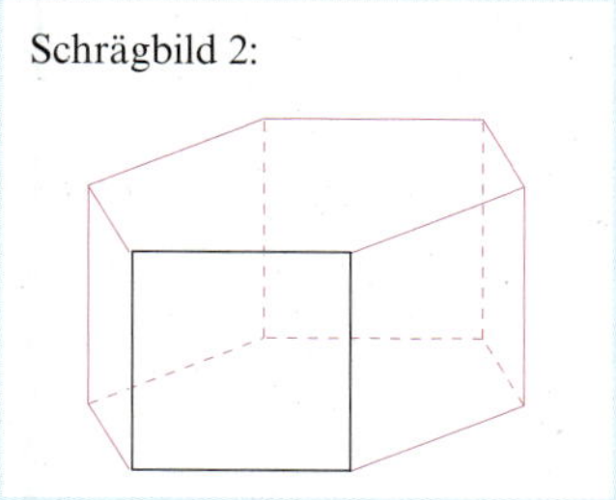

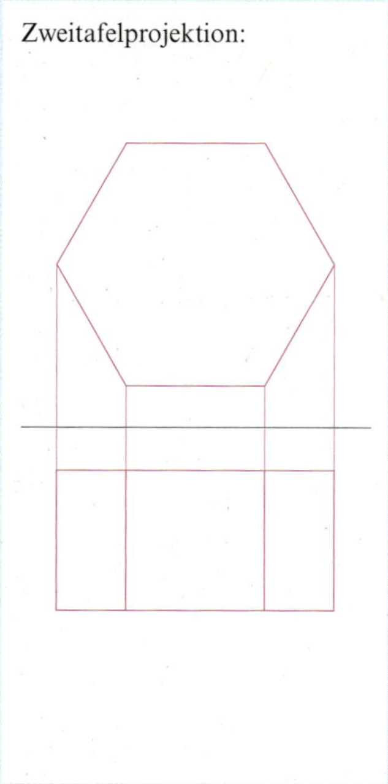

Auf den Seiten 40 und 41 sind wieder die Quersummen einiger Lösungen in eckigen Klammern angegeben.

1 Die Bilder ① und ② zeigen die Netze zweier Körper im Maßstab 1 : 1.

a) Beschreibe möglichst genau die Form beider Körper, ohne konkrete Maße zu benutzen.

b) Berechne die Oberflächeninhalte der Körper in cm^2. Runde auf volle cm^2.
Entnimm die Maße den Bildern.

①

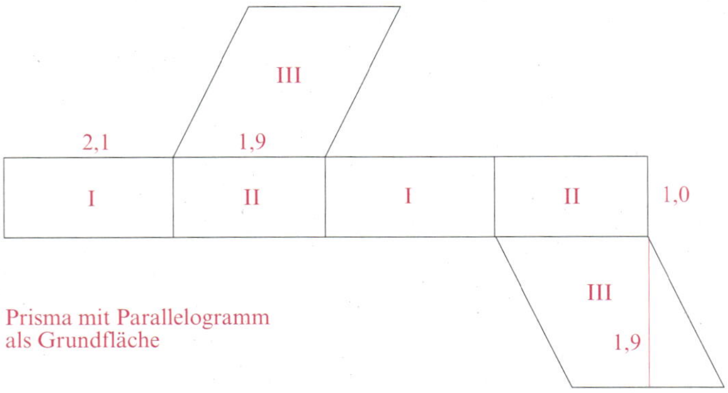

②

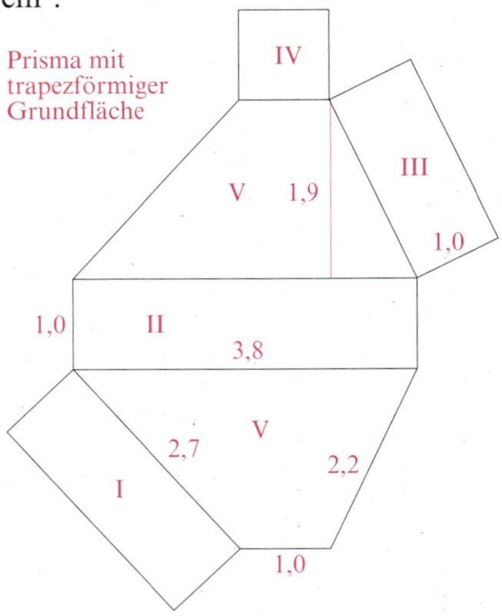

① I: 2,1 cm^2; II: 1,9 cm^2; III: $1{,}9 \cdot 1{,}9 = 3{,}61 \approx 3{,}6$ cm^2

$A_O = 2 \cdot 2{,}1\ cm^2 + 2 \cdot 1{,}9\ cm^2 + 2 \cdot 3{,}6\ cm^2 = 15{,}2\ cm^2 \approx 15\ cm^2$ [6; cm^2]

② I: 2,7 cm^2; II: 3,8 cm^2; IV: 1 cm^2; III: 2,2 cm^2; V: $(3{,}8 + 1) : 2 \cdot 1{,}9 = 4{,}56 \approx 4{,}6$ cm^2

$A_O = 2{,}7\ cm^2 + 3{,}8\ cm^2 + 1\ cm^2 + 2{,}2\ cm^2 + 2 \cdot 4{,}6\ cm^2 = 18{,}9\ cm^2 \approx 19\ cm^2$ [10; cm^2]

2 Die Bilder a) und b) stellen Grundrisse von Prismen mit den angegebenen Höhen dar.
Berechne jeweils den Umfang u, die Flächeninhalte A_G der Grundfläche, A_M der Mantelfläche, A_O der Oberfläche und das Volumen V des Prismas. Orientiere dich an der Tabelle.
Miss alle weiteren benötigten Maße in den Abbildungen. Runde die Ergebnisse sinnvoll.

a)

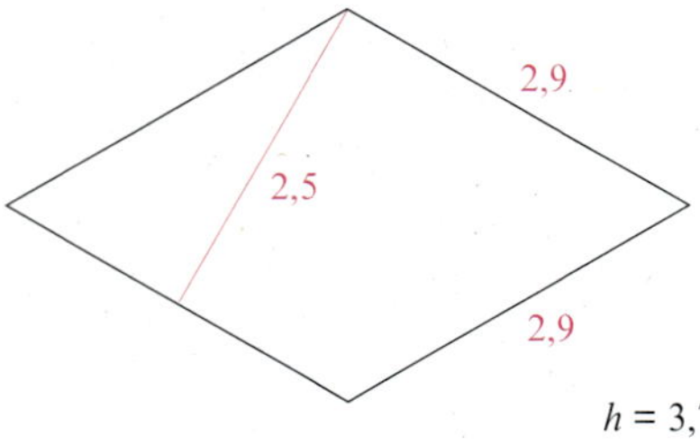

$h = 3{,}7$ cm

b)

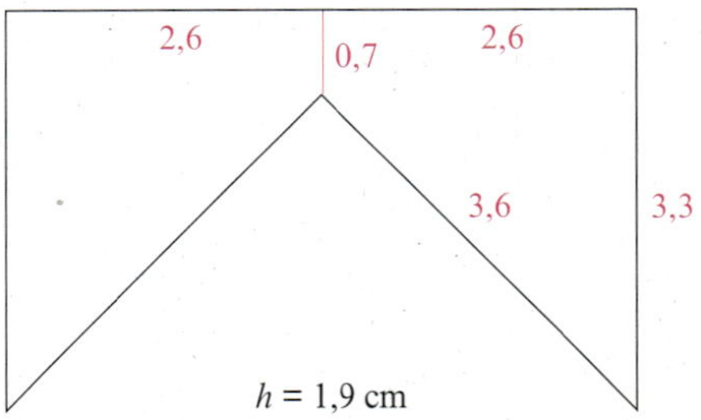

$h = 1{,}9$ cm

	Figur a)	Figur b)
A_G	$2{,}9\ cm \cdot 2{,}5\ cm = 7{,}25\ cm^2 \approx 7\ cm^2$	$2 \cdot (3{,}3\ cm + 0{,}7\ cm) : 2 \cdot 2{,}6\ cm = 10{,}4\ cm^2 \approx 10\ cm^2$
u	$4 \cdot 2{,}9\ cm = 11{,}6\ cm \approx 12\ cm$	$2 \cdot 3{,}3\ cm + 2 \cdot 3{,}6\ cm + 5{,}2\ cm = 19\ cm$
A_M	$11{,}6\ cm \cdot 3{,}7\ cm = 42{,}92\ cm^2 \approx 43\ cm^2$	$19\ cm \cdot 1{,}9\ cm = 36{,}1\ cm^2 \approx 36\ cm^2$
A_O	$42{,}9\ cm^2 + 2 \cdot 7{,}25\ cm^2$	$2 \cdot 10{,}4\ cm^2 + 36{,}1\ cm^2 = 56{,}9\ cm^2 \approx 57\ cm^2$
	$= 57{,}4\ cm^2 \approx 57\ cm^2$	
V	$7{,}25\ cm^2 \cdot 3{,}7\ cm = 26{,}825\ cm^3 \approx 27\ cm^3$	$10{,}4\ cm^2 \cdot 1{,}9\ cm = 19{,}76\ cm^3 \approx 20\ cm^3$

3 Ein Steinmetzbetrieb bietet die abgebildeten Verbundsteinsorten an.
Die linke Seite zeigt einen Ausschnitt aus einem Muster, das mit zwei Sorten gelegt werden kann.

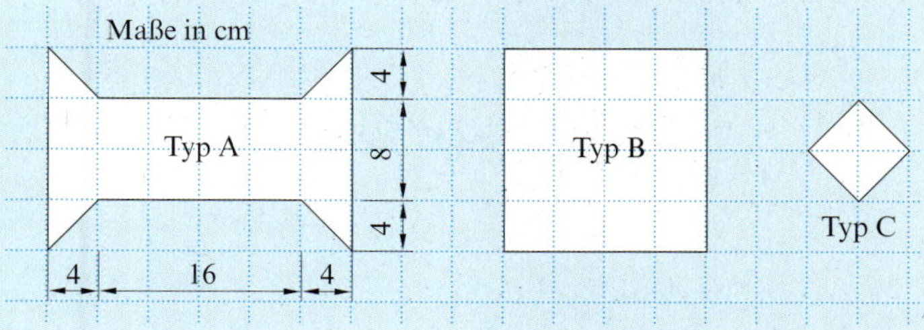

a) Zeichne das Muster nach rechts weiter bis zur eingezeichneten Linie.

b) Wie viel Kilogramm wiegt ein Stein der im Muster verwendeten Sorten A und B, wenn 1 dm^3 Beton 2,5 kg wiegt? Die Verbundsteine sind 5 cm dick.

Grundfläche: $A_G = 4 \cdot 4 \cdot 2 + 24 \cdot 8 = 224\ cm^2 = 2{,}24\ dm^2$. $V = 2{,}24\ dm^2 \cdot 0{,}5\ dm = 1{,}12\ dm^3$.

Masse: $1{,}12 \cdot 2{,}5 = 2{,}8$ kg. Stein Typ B: $V = 1{,}6\ dm \cdot 1{,}6\ dm \cdot 0{,}5\ dm = 1{,}28\ dm^3$

Masse: $1{,}28 \cdot 2{,}5 = 3{,}2$ kg. [10] [5]

c) Die äußeren Kanten des Musters sollen durch weitere Verbundsteine abgeschlossen werden.
Zeichne solche Steine ein. Berechne die Masse dieser Steine in kg.

z. B.: Sorte 1: $V = (4 \cdot 4 + 16 \cdot 4) \cdot 5 = 400\ cm^3 = 0{,}4\ dm^3$ $0{,}4 \cdot 2{,}5 = 1$ Masse: 1 kg

z. B.: Sorte 2: $V = (4 \cdot 4 + 8 \cdot 4) \cdot 5 = 240\ cm^3 = 0{,}24\ dm^3$ $0{,}24 \cdot 2{,}5 = 0{,}6$ Masse: 0,6 kg [1] [6]

d) Man kann mit den Steinen vom Typ A und Steinen vom Typ C (siehe Abbildung ganz oben) ebenfalls eine Fläche vollständig auslegen. (Für die Ränder braucht man wieder andere Steine.)
Zeichne oben rechts eine mögliche Anordnung mit diesen Steinen und zeichne die seitlichen Abschlusssteine.

4* In einer Tischlerei werden aus Holzlatten mit rechteckigem Querschnitt (Bild) Leisten für Bilderrahmen gefräst.

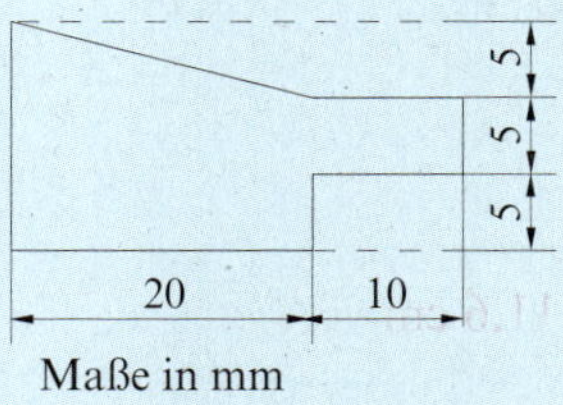

a) Berechne das Volumen einer 2,40 m langen Leiste.

$A_G = (10 + 15) : 2 \cdot 20 + 5 \cdot 10 =$

$300\ mm^2 = 3\ cm^2$ $V = 3\ cm^2 \cdot 240\ cm = 720\ cm^3 = 0{,}72\ dm^3$ [9;dm^3]

b) Wie viel Kilogramm wiegen 200 solcher Leisten, wenn 1 dm^3 dieses Holzes 0,7 kg wiegt?

$200 \cdot 0{,}72 \cdot 0{,}7 = 100{,}8$ kg. [9]

1 Versuche ohne zu messen acht Strecken von 15 cm Länge möglichst genau zu zeichnen.

a) Miss jetzt mit einem Lineal die Längen deiner Strecken millimetergenau nach und berechne das arithmetische Mittel der gemessenen Längen.

....

b) Schreibe die Längen in cm in einer geordneten Reihe auf und ermittle den Zentralwert.

....

c) Zeichne ein Stängel-Blatt-Diagramm. Die Zahlen, die die ganzen cm angeben, bilden den Stängel, die Zahlen, die die restlichen Millimeter angeben, die Blätter.

d) Vergleiche mit den Strecken, die deine Mitschülerinnen und Mitschüler gezeichnet haben. Wer konnte die Länge am besten einzeichnen?

2 Würfle zunächst 20-mal mit zwei Würfeln gleichzeitig.

a) Notiere in der Strichliste für jeden Wurf, ob es ein Pasch ist (das sind zwei gleiche Augenzahlen) oder nicht.

b) Berechne die relative Häufigkeit für einen Pasch. Stelle sie als Punkt im Diagramm unten dar. Würfle dann weitere 20-mal, berechne die relative Häufigkeit für einen Pasch nach 40 Würfen, usw.

c) Schätze ab, wie groß die Wahrscheinlichkeit für einen Pasch ist.

Pasch: ....

kein Pasch: ....

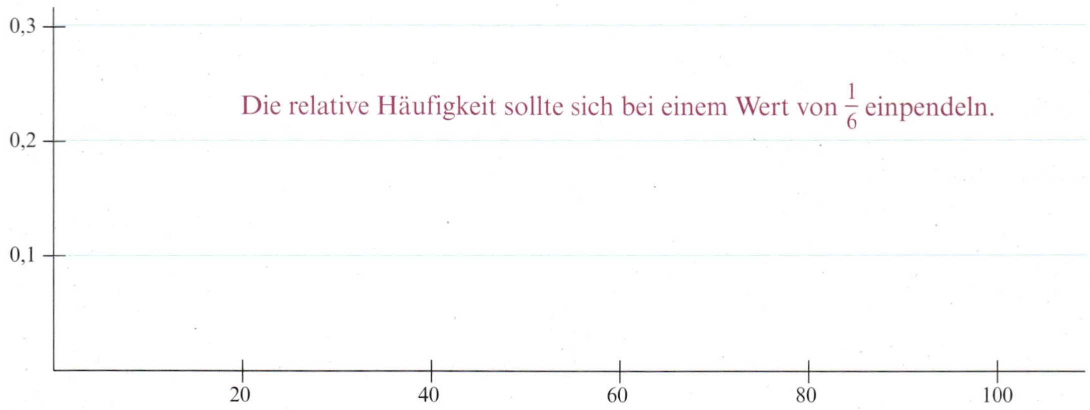

Die relative Häufigkeit sollte sich bei einem Wert von $\frac{1}{6}$ einpendeln.

3 Ein Gefäß enthält vier Kugeln mit den Ziffern 2, 3, 4 und 6.
Es wird erst eine, dann eine zweite Kugel gezogen.
Vervollständige zu einem Baumdiagramm für die möglichen Ergebnisse der Ziehung.

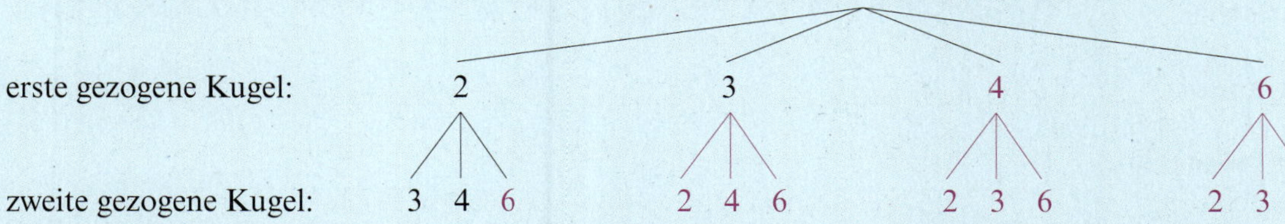

a) Welche Zahlen können gebildet werden, wenn die kleinere Ziffer die Einer, die größere die Zehner angibt?

32, 42, 43, 62, 63, 64

Gib die Wahrscheinlichkeit an, mit der die einzelnen Zahlen gebildet werden.

Zu jeder der Zahlen führen 2 Ergebnisse, also ist die Wahrscheinlichkeit $\frac{2}{12} = \frac{1}{6}$.

b) Welche Zahlen können als Produkt der beiden gezogenen Zahlen entstehen?
Berechne für jedes Produkt die Wahrscheinlichkeit, mit der es entsteht.

Produkt	6	8	12	18	24
Anzahl der Ergebnisse, die zu diesem Produkt führen	2	2	4	2	2
Wahrscheinlichkeit	$\frac{1}{6}$	$\frac{1}{6}$	$\frac{1}{3}$	$\frac{1}{6}$	$\frac{1}{6}$

4 Bei vielen Gesellschaftsspielen wird mit zwei Würfeln gleichzeitig gewürfelt.

a) Ergänze das Baumdiagramm für die möglichen Würfe.

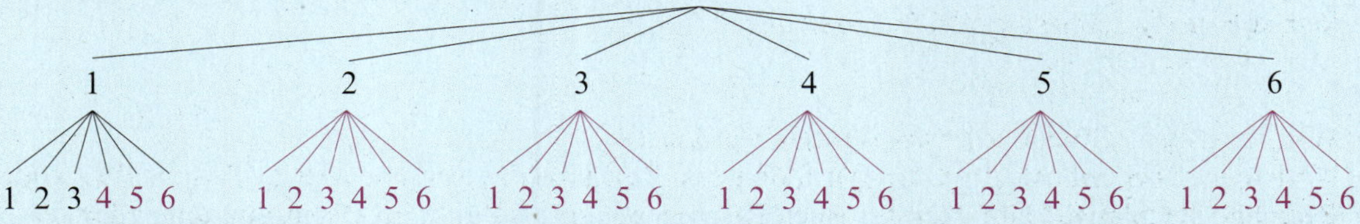

b) Schreibe die möglichen Augensummen in die Liste. Würfle mit zwei Würfeln 100-mal, bilde jeweils die Augensumme und notiere die Ergebnisse als Strichliste.
Berechne die relativen Häufigkeiten.

Augensumme	2	3	4	5	6	7	8	9	10	11	12
Strichliste											
relative Häufigkeit											

c) Erstelle ein Streifendiagramm für die relativen Häufigkeiten, mit denen die Augensummen vorkommen.

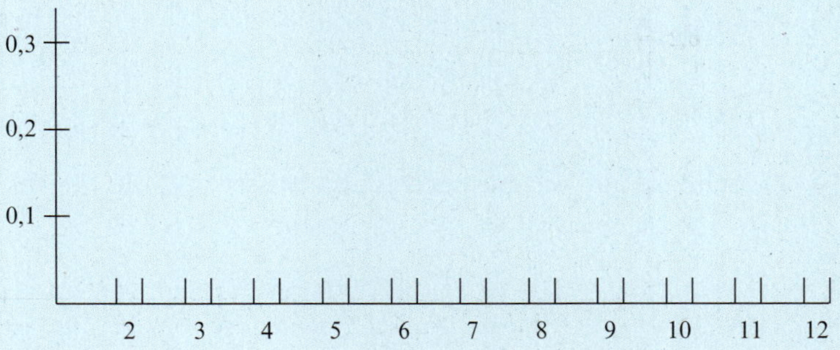

1 Die Tabelle enthält die Noten der Klassenarbeiten von Anna, Jane und Conny.
Die Endzensur soll gebildet werden.
Für welche Schülerin wäre der Zentralwert günstiger, für welche das arithmetische Mittel?

Zensuren:	Anna: 2 3 2 3 2 2 2	Jane: 5 2 3 2 2 3 2	Conny: 3 2 3 3 2 1 3
Zentralwert:	2 2 2 2 2 3 3	2 2 2 2 3 3 5	1 2 2 3 3 3 3
Arithmetisches Mittel:	16 : 7 ≈ 2,3 Endzensur: 2	19 : 7 ≈ 2,7 Endzensur: 3	17 : 7 = 2,4 Endzensur: 2

Antwort: Für Jane ist der Zentralwert günstiger, für Conny das arithmetische Mittel.

2 Bei Radiosendern kann die Länge der Nachrichten unterschiedlich sein,
auch die Dauer der einzelnen Meldungen kann verschieden lang sein.
Wähle drei Radiosender aus: deinen Lieblingssender, einen Musiksender und einen Informationssender. Untersuche jeweils eine Nachrichtensendung.
Trage jeweils den Namen des Senders, Datum und Uhrzeit der Sendung ein.

Sender 1: .... Sender 2: .... Sender 3: ....

Uhrzeit: .... Uhrzeit: .... Uhrzeit: ....

Thema	Dauer	Thema	Dauer	Thema	Dauer

a) Schreibe die Längen der Meldungen jeweils in einer geordneten Reihe auf. Unterstreiche die Zentralwerte.

Sender 1: ....

Sender 2: ....

Sender 3: ....

b) Berechne die arithmetischen Mittelwerte der Dauer einer Meldung für die einzelnen Sender.

Sender 1: ....

Sender 2: ....

Sender 3: ....

c) Schreibe auf, was dir bei den Ergebnissen auffällt. Vergleicht auch untereinander.

....

....

2 Beim Spiel Scrabble zieht man aus einer Tüte verdeckt 8 Buchstabenplättchen, die man zu einem möglichst langen Wort zusammenstellen und dann anlegen kann.
Die Buchstaben des Alphabets kommen unterschiedlich häufig vor (Bild rechts).

Die Buchstaben beim Scrabble:

a: 5	g: 3	m: 4	s: 7	y: 1
b: 2	h: 4	n: 9	t: 6	z: 1
c: 2	i: 6	o: 3	u: 6	ä: 1
d: 4	j: 1	p: 1	v: 1	ö: 1
e: 15	k: 2	q: 1	w: 1	ü: 1
f: 2	l: 3	r: 6	x: 1	blanco: 2

a) Trage in die Tabelle die Buchstaben nach der Häufigkeit ihres Vorkommens geordnet ein. Fasse gleich häufig vorhandene Buchstaben in einer Spalte zusammen.

Buchstabe(n)	e	n	s	i,r,t,u	a	d,h,m	g,l,o	b,c,f,k,blanco	j,p,q,v,w, x,y,z,ä,ö,ü
absolute Häufigkeit	15	9	7	je 6	5	je 4	je 3	je 2	je 1
relative Häufigkeit	0,15	0,09	0,07	je 0,06	0,05	je 0,04	je 0,03	je 0,02	je 0,01

b) Berechne für die Buchstaben die relative Häufigkeit ihres Vorkommens und trage die Ergebnisse in die Tabelle ein.

c) Die Buchstaben des Alphabets kommen in der deutschen Sprache unterschiedlich oft vor. Wähle fünf geeignete Buchstaben aus und zähle die Anzahl ihres Vorkommens in einem Text mit ca. 100 Wörtern. Berechne auch die relativen Häufigkeiten der Buchstaben.

Buchstabe	z.B.: e	n	a	d	k
absolute Häufigkeit	z.B.: 28	20	13	7	3
relative Häufigkeit	z.B.: 0,15	0,1	0,07	0,04	0,015

d) Erstelle ein Balkendiagramm, in das du für die von dir gewählten fünf Buchstaben die relativen Häufigkeiten ihres Auftretens in deinem Text und im Scrabble-Spiel einzeichnest.

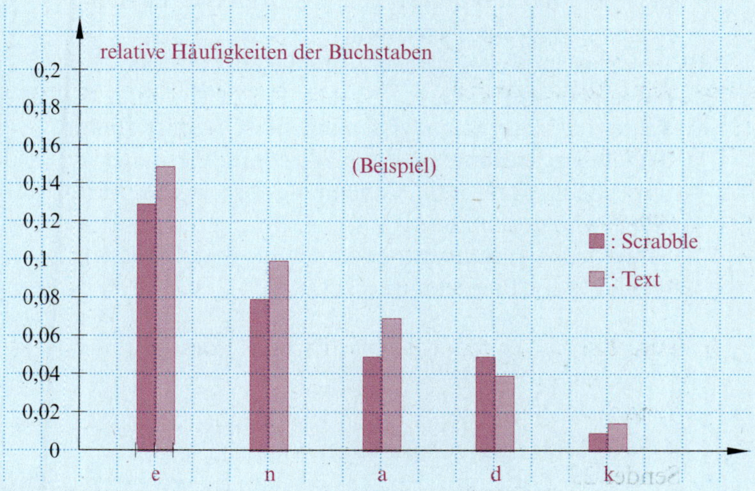

e) Besteht ein Zusammenhang zwischen den Anzahlen der Buchstaben im Scrabble-Spiel und dem Vorkommen in der deutschen Sprache?

Die relativen Häufigkeiten für die Buchstaben sind im Text und im Scrabble ungefähr gleich.

f) Wie unterscheidet sich vermutlich die Ausgabe des Scrabble-Spiels für die englische Sprache?

Z. B. wird das *y* viel häufiger vorkommen, da es im Englischen viel häufiger auftritt.

1 Zeichne in das Koordinatensystem folgende Punkte: $A(-1;1)$, $B(-4;-2)$ und $C(0;-2)$.

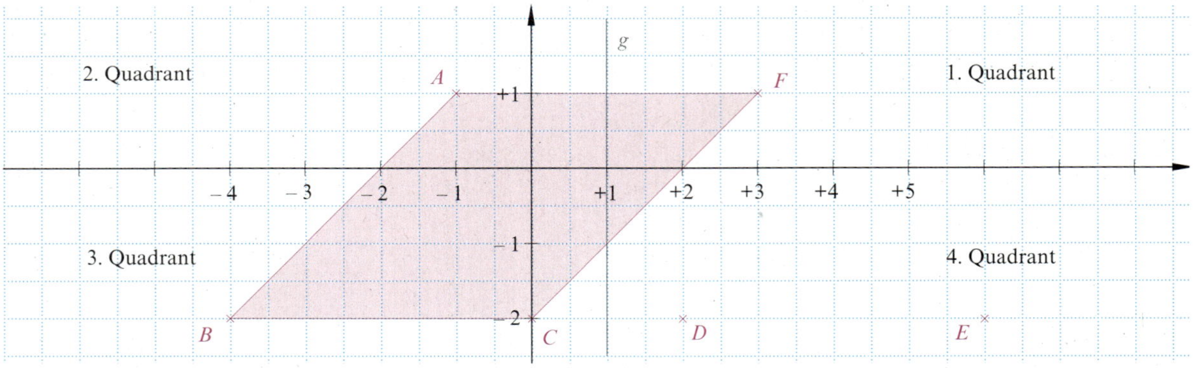

a) Spiegele die Punkte an der Geraden g. Benenne die Bildpunkte folgendermaßen: $A' = F$, $B' = E$ und $C' = D$.

b) Berechne die Flächeninhalte der Vierecke $ABCF$, $ACDF$ und $ADEF$.

$ABCF$ und $ADEF$ haben die gleichen Flächeninhalte: $4\text{ cm} \cdot 3\text{ cm} = 12\text{ cm}^2$.

$ACDF$: $4\text{ cm} + 2\text{ cm} = 6\text{ cm}$; $6\text{ cm} : 2 = 3\text{ cm}$; $A = 3\text{ cm} \cdot 3\text{ cm} = 9\text{ cm}^2$

c) Das Parallelogramm $ABCF$ liegt in allen vier Quadranten.
Gib jeweils an, wie viel Prozent des Flächeninhalts des Parallelogramms in den einzelnen Quadranten liegt.

1. Quadrant: $2{,}5 : 12 \cdot 100\,\% = 20{,}8\,\%$ 2. Quadrant: $1{,}5 : 12 \cdot 100\,\% = 12{,}5\,\%$.

3. Quadrant: $6 : 12 \cdot 100\,\% = 50\,\%$ 4. Quadrant: $2 : 12 \cdot 100 = 16{,}7\,\%$

2 In Norwegen bezahlt man in norwegischen Kronen (NOK). Thomas tauschte auf der Fähre 50 € gegen 386 NOK ein. Beim Einkaufen musste er dann zuerst die Preise in Euro umrechnen, um beurteilen zu können, wie teuer die Waren sind.

a) Berechne im Kopf, wie viel Euro die angebotenen Waren ungefähr kosten.

b) Wenn du Preise genau wissen möchtest, kannst du mit dem Taschenrechner mehrere Warenpreise genauer umrechnen, ohne den Umrechnungsfaktor jedes Mal neu eingeben zu müssen.
Schreibe die Tastenkombinationen für die genaue Umrechnung der Preise im Bild auf.

386 [:] 50 [=] [Min] [CE] 24 [:] [MR] [=] 35,19 [:] [MR] [=] 12,99 [:] [MR] [=]

3 Löse die folgenden Gleichungen im Kopf.
Kontrolle: Die Lösungen der Gleichungen ergeben die x-Koordinate bzw. die y-Koordinate der Eckpunkte eines gleichschenkligen, rechtwinkligen Dreiecks in einem Koordinatensystem.

a) $6x - 10 = -16$ $L = \{-1\}$ $-12 = 5 \cdot y - 2$ $L = \{-2\}$ Punkt: $(-1\,;\,-2)$

b) $4 - 2x = 12$ $L = \{-4\}$ $2y - 5y + 3 = 0$ $L = \{1\}$ Punkt: $(-4\,;\,1)$

c) $-50 = -20x - 10$ $L = \{2\}$ $-\frac{5}{4}y + 2 = 0{,}75$ $L = \{1\}$ Punkt: $(2\,;\,1)$

4 Fette, Eiweiße und Kohlenhydrate sind die „Energieversorger“ des menschlichen Körpers. Der Tagesbedarf an den einzelnen Stoffen hängt ab von der Körpermasse des Menschen.

Tagesbedarf des Menschen pro Kilogramm Körpermasse:
Fette: 0,8 g
Eiweiße: 0,9 g
Kohlenhydrate: 0,9 g
(Energie: 60 kcal = 250 kJ)

a) Ermittle mithilfe der Tabelle rechts für Kevin (48 kg) den Tagesbedarf für die drei Stoffe und ihre prozentualen Anteile an der Gesamtmasse dieser Stoffe.

Tagesbedarf bei einer Körpermasse von 48 kg:

Fette: 0,8 g · 48 = 38,4 g   38,4g : 124,8 g · 100 % = 30,7 %, also ca. 30 %

Eiweiße: 0,9 g · 48 = 43,2 g   43,2 g : 124,8 g · 100 % = 34,6 %, also ca. 35 %

Kohlenhydrate: 0,9 g · 48 = 43,2 g   ca. 35 %

Gesamtmasse der drei „Energieversorger“: 38,4 g + 2 · 43,2 g = 124,8 g

b) Zeichne ein Kreisdiagramm, das die Beiträge der drei Hauptenergieversorger zum Energiebedarf Kevins darstellt.
Färbe die Kästchen der Legende mit verschiedenen Farben und färbe dann entsprechend die Anteile im Diagramm.

Fette:
$\frac{30}{100} \cdot 360° = 108°$

Eiweiße und Kohlenhydrate:
$\frac{35}{100} \cdot 360° = 126°$

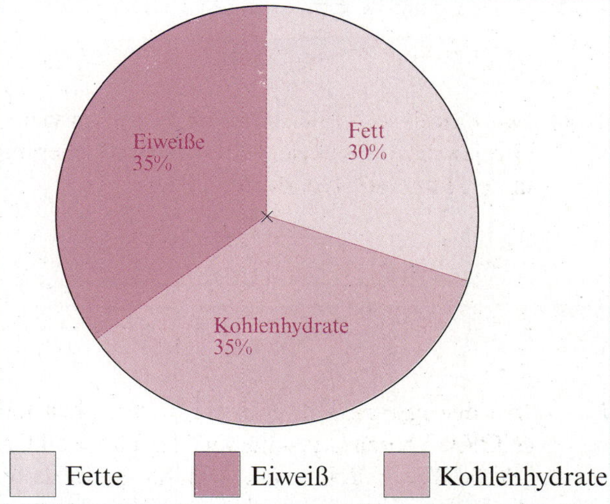

c) Berechne die Anteile am Tagesbedarf der drei Stoffe für Kevin
- in einem Schokoriegel (Fette: 5,5 g, Eiweiße: 13 g, Kohlenhydrate: 6 g) und
- in einem Müsliriegel (Fette: 3 g, Eiweiße: 12 g, Kohlenhydrate: 8 g).

	Fette	Eiweiße	Kohlenhydrate
Schokoriegel	$\frac{5,5}{38,4} \cdot 100\,\% = 14,3\,\%$	$\frac{13}{43,2} \cdot 100\,\% = 30\,\%$	$\frac{6}{43,2} \cdot 100\,\% = 14\,\%$
Müsliriegel	$\frac{3}{38,4} \cdot 100\,\% = 8\,\%$	$\frac{12}{43,2} \cdot 100\,\% = 28\,\%$	$\frac{8}{43,2} \cdot 100\,\% = 19\,\%$

d) Stelle die Anteile für die beiden Riegel in einem Streifendiagramm gegenüber.

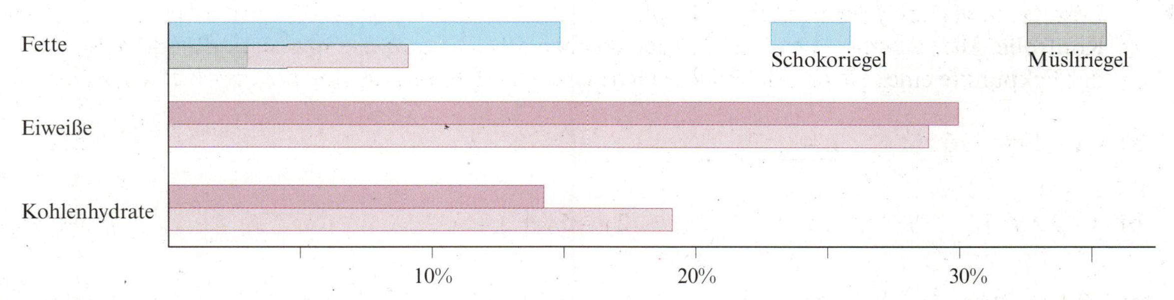

Im alten Sägewerk …

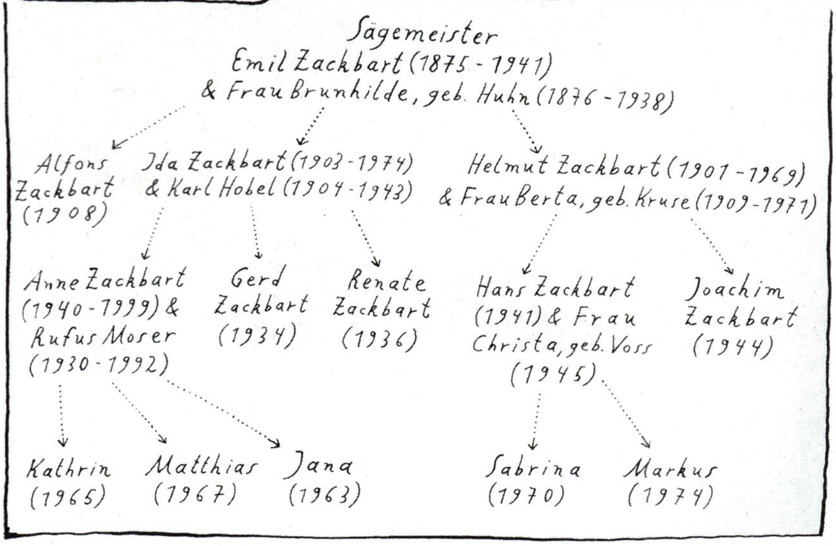

Wie viele verschiedene Ziffernkombinationen müsste Tom höchstens einstellen? Wäre er in einer Stunde fertig geworden? Wieso konnte Sabine den Safe plötzlich öffnen?

Wie viel Dollar liegen im Safe? Wie viel Euro wären das?

Wie muss das Bargeld auf die Verwandten von Alfons Zackbart aufgeteilt werden? Was heißt gerecht?

Wenn der Quadratmeterpreis des Grundstücks 30 Euro beträgt, wie viel Geld muss Joachim seinen Verwandten auszahlen?